ISW 40

Berichte aus dem Institut für Steuerungstechnik
der Werkzeugmaschinen und Fertigungseinrichtungen
der Universität Stuttgart

U. SPIETH

Numerische Steuersysteme

Hardwareaufbau und Ablaufsteuerung
eines Mehrprozessorsteuersystems

Springer-Verlag
Berlin · Heidelberg · New York 1982

D 93

Mit 64 Abbildungen

ISBN-13:978-3-540-11324-9   e-ISBN-13:978-3-642-87674-5
DOI:10.1007/978-3-642-87674-5

2362/3020-543210

Geleitwort des Herausgebers

Das Institut für Steuerungstechnik der Werkzeugmaschinen und Fertigungseinrichtungen der Universität Stuttgart befaßt sich mit den neuen Entwicklungen der
Werkzeugmaschinen und anderen Fertigungseinrichtungen, die insbesondere durch
den erhöhten Anteil der Steuerungstechnik an den Gesamtanlagen gekennzeichnet
sind. Dabei stehen die numerisch gesteuerten Werkzeugmaschinen in Programmierung, Steuerung, Konstruktion und Arbeitseinsatz sowie die vermehrte Verwendung des Digitalrechners in Konstruktion und Fertigung im Vordergrund des In-
teresses.

Im Rahmen dieser Buchreihe sollen in zwangloser Folge drei bis fünf Berichte pro
Jahr erscheinen, in welchen über einzelne Forschungsarbeiten berichtet wird. Vor-
zugsweise kommen hierbei Forschungsergebnisse, Dissertationen, Vorlesungsmanu-
skripte und Seminarausarbeitungen zur Veröffentlichung.

Diese Berichte sollen dem in der Praxis stehenden Ingenieur zur Weiterbildung
dienen und helfen, Aufgaben auf diesem Gebiet der Steuerungstechnik zu lösen.
Der Studierende kann mit diesen Berichten sein Wissen vertiefen.

Unter dem Gesichtspunkt einer schnellen und kostengünstigen Drucklegung wird
auf besondere Ausstattung verzichtet und die Buchreihe im Fotodruck hergestellt.

Der Herausgeber dankt dem Springer-Verlag für Hinweise zur äußeren Gestaltung
und Übernahme des Buchvertriebs.

Gottfried Stute

Inhaltsverzeichnis

Seite

Vorwort
Schrifttum   7
Zeichenerklärung   15

1 Einleitung   19

2 Zielsetzung der Entwicklung eines modularen
   Mehrprozessorsteuersystems   22
   2.1 Untersuchung der Modularität numerischer
        Steuerungen   22
   2.2 Anforderungen an ein MPST-Bausteinsystem   28
   2.3 Stand der MPST-Entwicklung   30
        2.3.1 Die MPST-Busstruktur   30
        2.3.2 Die zu lösenden Teilaufgaben   32

3 Separierbare Funktionen der numerischen Steuerung   35
   3.1 Kriterien für die Schnittstellenfestlegung
        zwischen Steuerungsfunktionen   35
   3.2 Reaktionszeiten und Datenschnittstellen der
        Grundfunktionen   37
   3.3 Festlegung von Funktionsblöcken   43
   3.4 Die beauftragbare Funktion   45

4 Hardwarekonfiguration des MPST-Systems   48
   4.1 Speicherverteilung im MPST-System   48
   4.2 Aufbau der MPST-Busschnittstelle aktiver
        Busteilnehmer   50
        4.2.1 Aktive E/A-Schnittstellen zum MPST-Bus   51
        4.2.2 Passive E/A-Schnittstellen zum MPST-Bus   54
   4.3 Aufbau eines 16-bit MPST-Mikroprozessormoduls   57
   4.4 Das MPST-System als loser Mikrorechnerverbund   62

5 Betriebssystem des modularen Mehrprozessorsteuersystems   65
   5.1 Anforderungen an das MPST-Betriebssystem   65

                                                           Seite

5.2   Struktur des MPST-Betriebssystems   66
      5.2.1 MPST-Betriebssystemfunktionen   66
      5.2.2 Programmebenen   68
      5.2.3 Entscheidungsebenen   70
5.3   Die MPST-Ablaufsteuerung   71
      5.3.1 Arbeitsweise des MPST-Systems   71
      5.3.2 Varianten der Ablaufsteuerung   73
      5.3.3 Konzept der verteilten MPST-Ablauf-
             steuerung   75
      5.3.4 Datenstrukturen der MPST-Ablauf-
             steuerung   77
5.4   Festlegung der Initialisierungsschritte   81
5.5   Eingliederung der MPST-Busverwaltung   83
5.6   Programmstrukturen in MPST-Mikroprozessor-
      modulen   86
      5.6.1 Programmstruktur des Zentralsteuerwerks   86
      5.6.2 Programmstruktur der Funktionsmodule   87
5.7   Bewertung der Betriebssystemstruktur   91

6 Aufbau eines Bedienfeldsteuerwerks   92
   6.1   Anforderungen an das Bedienfeldsteuerwerk   92
   6.2   Der Hardwareaufbau   93
   6.3   Die Informationsübergabe   95
   6.4   Der Programmaufbau   97
   6.5   Bewertung an einem Anwendungsbeispiel   100

7 Erprobung eines MPST-Prototypensystems   102
   7.1   Der gerätemäßige Aufbau   102
   7.2   Die funktionelle Ausstattung   104
   7.3   Bewertung des MPST-Prototypensystems   106
         7.3.1 Reaktionszeit bei hochprioror Busan-
                forderung   106
         7.3.2 Auslastung der Funktionsmodule   108
   7.4   Ausblick   111

8 Zusammenfassung   114

Schrifttum

/1/   Stute, G.   Stand und Entwicklungstendenzen
                                der numerischen Steuerung von
                                Werkzeugmaschinen.
                                ETZ-B Bd. 21 (1969) H. 12,
                                S. 263 ... 270.

/2/   Autorenkollektiv   MPST-Modulares Mehrprozessor-
                                Steuersystem.
                                KfK-PDV 145, Bericht über die
                                Informationstagung am 23. Febru-
                                ar 1978.
                                Karlsruhe: Gesellschaft für Kern-
                                forschung mbH 1978.

/3/   Shah, R.   NC GUIDE, Numerical Control
                                Handbook.
                                2. Auflage. Düsseldorf:
                                VDI-Verlag 1979.

/4/   Maßberg, W.   Die Berücksichtigung der Interes-
                                sen des Werkzeugmaschinenanwen-
                                ders als Voraussetzung für eine
                                positive Marktentwicklung der
                                NC-Technik.
                                Tagungsbroschüre des ICM '77 -
                                Internationaler Congress für
                                Metallvearbeitung, hrsg. vom
                                VDW-Verein Deutscher Werkzeugma-
                                schinenfabriken e.V., Frankfurt
                                1977, S. 31 ... 34.

/5/   Händler, W.   Gedanken zu einem Rechner-Bau-
        Rohrer, H.   kasten-System.
                                Elektron. Rechenanl. 22 (1980)
                                H. 1, S. 3 ... 13.

/6/   Stute, G.   Steuerungen an Werkzeugmaschinen.
                                 Tagungsbroschüre des ICM '77 -
                                 Internationaler Congress für
                                 Metallbearbeitung, hrsg. vom
                                 VDW-Verein Deutscher Werkzeug-
                                 maschinenfabriken e.V.,
                                 Frankfurt 1977, S. 5 ... 20.

/7/   Weck, M.   Fortschritte in der Steuerungs-
                                 technik für spanende Werkzeug-
                                 maschinen.
                                 ZwF 74 (1979) 11, S. 544 ... 551.

/8/   Bollinger, G.   Practical Use of Machine Tool
                                 Controls in the United States.
                                 Tagungsbroschüre des ICM '77 -
                                 Internationaler Congress für
                                 Metallbearbeitung, hrsg. vom
                                 VDW-Verein Deutscher Werkzeug-
                                 maschinenfabriken e.V.,
                                 Frankfurt 1977, S. 21 ... 24.

/9/   Stute, G.   Steuerverfahren und Steuerungs-
        Spieth, U.   strukturen unter dem Einfluß der
                                 Mikroelektronik.
                                 VDI-Bericht 348, Mikroelektronik
                                 im Maschinenbau.
                                 Düsseldorf: VDI-Verlag 1979,
                                 S. 95 ... 100.

/10/   AEG NUMERIC 400.
                                 Technische Unterlagen (Lose-Blatt-
                                 sammlung), hrsg. von AEG-Tele-
                                 funken, Industrielle Datenverar-
                                 beitung, D-6453 Seligenstadt.

/11/ Weck, M.
Verhaag, E.

Nutzung der Prozeßrechnerfähig-
keit zum Aufbau neuer CNC-
Konzepte.
wt-Z. ind. Fert. 66 (1976)
Nr. 9, S. 498 ... 501.

/12/ Stute, G.
Wörn, H.

Steuerungstechnik Teil 2: Strukturen von Steuerungen.
wt-Z. ind. Fert. 68 (1978)
Nr. 9, S. 591 ... 594.

/13/ Meyer, J.
Sautter, G.

Sinumerik 580, eine freipro-
grammierbare numerische Steuerung.
Siemens-Z. 47 (1973), Beiheft
"Steuerungen und Antriebe zur
Automatisierung der Werkzeugma-
schinen", S. 65 ... 69.

/14/ Jetter, H.
Spieth, U.

Zeitdiskrete Sollwertvorgabe an
den Lageregelkreis.
wt-Z. ind. Fert. 64 (1974)
Nr. 10, S. 626 ... 633.

/15/ Autorenkollektiv

Die Lageregelung an Werkzeugmaschinen.
4. überarbeitete Auflage.
Stuttgart: Selbstverlag Verein
der Freunde und ehemaliger Mit-
arbeiter des Instituts für Steuerungstechnik der Werkzeugmaschinen
und Fertigungseinrichtungen e.V.
1979.

/16/ Geiger, M.
Bretz, M.
Schwieren, W.

CNC für die Werkstattprogram-
mierung.
wt-Z. ind. Fert. 68 (1978)
Nr. 10, S. 603 ... 609.

/17/   Wörn, H.   Mikroprozessoreinsatz zur Be-
       Spieth, U.   triebsdatenerfassung und zur
       Fink, H.   Steuerung und Bedienung von
                      Werkzeugmaschinen.
                      KfK-PDV 101, Bericht über die
                      PDV-Fachtagung "Einsatz von
                      Mikroprozessoren zur Prozeß-
                      lenkung". Karlsruhe: Gesellschaft
                      für Kernforschung mbH 1977.
                      S. 329 ... 362.

/18/   Tietze, E.   Werkzeugmaschinensteuerung mit
                      drei Mikrorechnern.
                      wt-Z. ind. Fert. 68 (1978)
                      Nr. 6, S. 353 ... 355.

/19/   Gast, K.H.   Numerische Steuerung für mehr-
       Krause, N.   achsige Bohr- und Fräsmaschinen.
       Wetzel, F.   wt-Z. ind Fert. 69 (1979)
                      Nr. 8, S. 495 ... 499.

/20/   Seifert, M.   Mikroprozessoren in verteilten
                      PDV-Systemen.
                      KfK-PDV 101, Bericht über die
                      PDV-Fachtagung "Einsatz von
                      Mikroprozessoren zur Prozeß-
                      lenkung". Karlsruhe: Gesellschaft
                      für Kernforschung mbH 1977.
                      S. 110 ... 130.

/21/   DIN 19237. Steuerungstechnik
                      (Begriffe).
                      August 1975

/22/   VDI/VDE 3552. Leistungskriterien
                              von Prozeßrechensystemen.
                              September 1975.

/23/   Wörn, H.   Numerische Steuersysteme -
                              Aufbau und Schnittstellen eines
                              Mehrprozessorsteuersystems.
                              ISW-Bericht 27. Berlin, Heidelberg,
                              New York: Springer-Verlag 1979.

/24/   Rauch, P.   Busstrukturiertes Mehrprozessor-
        Wörn, H.   Steuersystem.
                              wt-Z. ind. Fert. 68 (1978)
                              Nr. 6, S. 335 ... 342.

/25/   Schuchmann, H.R.   Programme aus Fertigteilen -
                              oder: Ist ein "Baukasten-Ansatz"
                              als universelle Programmiertech-
                              nik praktisch sinnvoll?
                              Elektron. Rechenanl. 19 (1977)
                              H. 2, S. 58 ... 63.

/26/   Yourdon, E.   Structured Design.
        Constantine, L.L.   New York: Yourdon Inc. 1975.

/27/   Stute, G.   Die Entwicklung der Steuerungs-
                              technik unter dem Einfuß der
                              Bauelemente.
                              wt-Z. ind. Fert. 66 (1976)
                              Nr. 12, S. 683 ... 690.

/28/   Stute, G.   Der Einfluß neuer Steuerungsent-
                              wicklungen auf die Fertigungs-
                              technik.
                              wt-Z. ind. Fert. 70 (1980)
                              Nr. 4, S. 261 ... 271.

/29/   Klug, H.   Integration automatisierter tech-
                           nischer Betriebsbereiche.
                           ISW-Bericht 23. Berlin, Heidelberg,
                           New York: Springer-Verlag 1978.

/30/   Sata, T.   Einfluß der Steuerungstechnik auf
                           den Werkzeugmaschinenbau.
                           Werkstatt und Betrieb 110 (1977)
                           Nr. 8, S. 507 ... 510.

/31/   Weck, M.   Werkzeugmaschinen.
                           Band 3, Automatisierung und
                           Steuerungstechnik.
                           Düsseldorf: VDI-Verlag 1978.

/32/   Binder, D.   Interpolation in numerischen
                           Bahnsteuerungen.
                           ISW-Bericht 24. Berlin, Heidelberg,
                           New York: Springer-Verlag 1979.

/33/   Witte, J.   Lokale Speicher in Datenverar-
                           beitungssystemen.
                           Elektron. Rechenanl. 20 (1978)
                           H. 3, S. 109 ... 114.

/34/   Schmidt, B.   Betriebssystemstruktur für eine
                           Mehrprozessorkonfiguration mit
                           privaten Speichern.
                           NTG-Fachberichte, Band 62.
                           Berlin: VDE-Verlag 1978.
                           S. 253 ... 263.

/35/   DIN 44 300. Informationsverar-
                           beitung (Begriffe).
                           Februar 1971.

/36/   Siegert, H.J.   Betriebsprogramme für dezentrale
                             Rechensysteme.
                             NTG-Fachberichte, Band 62.
                             Berlin: VDE-Verlag 1978.

/37/   Philip, H.   Multiprocessor Organization -
        Enslow, J.   A Survey.
                             Computing Surveys, Vo. 9, No. 1,
                             March 1977, S. 103 ... 129.

/38/   Lauber, R.   Prozeßautomatisierung I.
                             Berlin, Heidelberg, New York:
                             Springer Verlag 1976.

/39/   Färber, G.   Prozeßrechentechnik.
                             Berlin, Heidelberg, New York:
                             Springer Verlag 1979.

/40/   Martin, T.   Prozeßdatenverarbeitung.
                             Berlin: Elitera-Verlag 1976.

/41/   Autorenkollektiv   Universelles PEARL-Betriebssystem.
                             KfK-PDV 55. Karlsruhe: Gesell-
                             schaft für Kernforschung mbH 1976.

/42/   Intel MCS-40 User's Manual.
                             (Third Edition) March 1976.

/43/   Plasch, D.   Geometriedatenverarbeitung in
                             einem Mehrprozessorsteuersystem
                             (MPST).
                             Essen: Girardet-Verlag, HGF-Kurz-
                             berichte (Lose-Blattsammlung)
                             Blatt 78/84.

/44/   Autorenkollektiv   Modulares Mehrprozessorsteuer-
                              system. Systembeschreibung.
                              Hrsg. MPST-Arbeitskreis, 1979.

/45/   Autorenkollektiv   Verteilte Steuerungseinrichtungen
                              für Fertigungssysteme (MPST-
                              Mehrprozessorsteuersystem).
                              KfK-PDV 192. Karlsruhe: Gesell-
                              schaft für Kernforschung mbH 1980.

Abkürzungen und Begriffe

A	BF-Aufruf; in Abschn. 2.1: Schnittstelle
AC	Adaptive Control
ADR	Adresse
ASCII	American Standard Code for Information Interchange
B1, B2	Hardwareschnittstellen im NC-System AEG NUMERIK 400
BA	Betriebsart
BCD	Binary Coded Decimal
BF	Beauftragbare Funktion
BKB0	Betriebsartenkontrollblock Nr. 0
BKBn	Betriebsartenkontrollblock Nr. n (n>0)
BSEA	Bedien- und Steuerdatenein-/ausgabe
BTR	Behind Tape Reader
C, C', C''	Hardwareschnittstellen im NC-System AEG NUMERIK 400
CAMAC	Computer Application to Measurement and Control
CCITT	Comité Consultatif International Télégraphique et Téléphonique
CNC	Computerized Numerical Control
CPU	Central Processing Unit
D	Anzahl der Maschinenachsen; in Abschn. 2.1: Schnittstelle im NC-System AEG NUMERIK 400
DA	Dezentrale Ablaufsteuerung
DB	Data Bus (Datenbus)
DIL	Dual in Line
DIN	Deutsches Institut für Normung e.V.
DMA	Direct Memory Access (direkter Speicherzugriff)
DNC	Direct Numerical Control
E	Hardwareschnittstelle im NC-System AEG NUMERIK 400
E/A	Eingabe- und Ausgabe-
EKB0	Eingabekontrollblock Nr. 0
EKBn	Eingabekontrollblock Nr. n (n>0)
El	Listenelement
EPROM	Erasable Programmable Read Only Memory
F	Funktion; in Abschn. 7: Vorschub; in Abschn. 2.1: Hardwareschnittstelle im NC-System AEG NUMERIK 400
FM	Funktionsmodul
FORTRAN	FORmula TRANSlation, höhere Programmiersprache

GEO	Geometrische Informationsverarbeitung
I/O	Input / Output
IPO	Interpolator
ISO	International Organization for Standardization
INIT	Initialisierungsprogramm
ISW	Institut für Steuerungstechnik der Werkzeug- maschinen und Fertigungseinrichtungen
KB0	Empfangskontrollblock Nr. 0
KBi	Empfangskontrollblock Nr. i (i>0)
KONLI	Konfigurationsliste
LS	Lochstreifen
LSB	Least Significant Bit
LSI	Large Scale Integration
LSI 11	Prozessorkarte des Mikrorechners PDP 11/03 (Digital Equipment Corporation)
MCNC	Mikrocomputer - CNC
MPST	Mehrprozessorsteuersystem
MSB	Most Significant Bit
MSI	Medium Scale Integration
NC	Numerical Control
NCVA	NC-Datenverwaltung, -aufbereitung und -verteilung
P	Prozessor
PASCAL	höhere Programmiersprache (benannt nach B. Pascal)
PC	Programmable Controller
PEARL	Process and Experiment Automation Realtime Language
PKD	Programmable Keyboard Display Device
R	Rückmeldung
RAM	Random Access Memory
S	Speicher; in Abschn. 7: Adreßbuchstabe (DIN 66025)
SSI	Small Scale Integration
STEUTAB	Steuertabelle
Tln	Teilnehmer
TMS 9900	16-bit Mikroprozessor (Texas Instruments)
TMS 9901	Programmable Systems Interface (I/O-Baustein)
TTY	Teletype
UPi	Unterprogramm Nr. i (i=1,2,...)
USART	Universal Synchronous / Asynchronous Receiver / Transmitter

VDE	Verein Deutscher Elektrotechniker
VDI	Verein Deutscher Ingenieure
WS	Warteschlange
Z80	8-bit Mikroprozessor (Zilog)

Bezeichnung für Steuersignale [1]

ACK	Acknowledge (Quittie-rungssignal)	IC_0 ...IC_3	Interruptcodierung
ACKi	ACK in	INT	Interrupteingang (Intel 4040)
$ACKi^*$	von ACKi abgeleitetes Steuersignal	INTACK	Interrupt Acknowledge (Intel 4040)
ACKo	ACK out	INT_1 ...INT_6	Interrupteingänge
CM	Command Line (RAM/ROM bank select)	INTREQ	Interrupt Request
CRU	Communications Register Unit	MEMEN	Memory enable
CRUCLK	CRU-Takt	PKD	Programmable Keyboard Display Device
CRUIN	CRU-Dateneingang		
CRUOUT	CRU-Datenausgang	R_0 ...R_7	Rückleitungen
CS	Chip select	RDY	Ready
DBIN	Data Bus in	$S_0...S_7$	Scannerleitungen
DIR	Direction	T	Takteingang
EN	Enable	TLNEN	Teilnehmer enable
GP	Sammelinterrupt der Geräteperipherie	U_B	Versorgungsspannung
HOLD	HALT-Signal	WE	Write enable
HOLDA	HOLD Acknowledge (Ant-wortsignal auf HOLD)	$\emptyset_1...\emptyset_4$	Systemtakte

Bezeichnungen der Signale des MPST-Bus nach /44/ [1]

A_{00} ...A_{15}	Adreßbus	D_{00} ...D_{15}	Datenbus
ACK	Antwortsignal auf SRQ	DMACK	Quittierung von DMARQ

BB	Bus belegt	RBB	Rücksetzen BB	
BOV	Busoperation gültig	RDY	Quittierung von BOV	
DMARQ	direkter Speicher- zugriff	RESET	Löschsignal	
		SRQ	Interruptmeldesignal	
ENF	Einfriersignal	SYNC	Triggersignal	
I/O	E/A-Adresse	TZ	Takt	
PFD	Spannungsausfall	W	Schreiben	
R	Lesen	WO	Byte/Wort	

Formelzeichen und Einheiten

d	1/s	Durchsatz
g	1/s	Zeitverteilungsfunktion
i	-	Zählvariable
m	-	Zählvariable
n	-	Zählvariable
s_{min}	mm	minimaler Stützpunktabstand
t	s	Zeit
T_F	ms	Zeitraster der Feininterpolation
T_G	ms	Zeitraster der Grobinterpolation
T_{min}	s	kleinste NC-Satzabarbeitungsdauer
ΔT	ms	Abtastzeitintervall
v_B	m/min	Bahngeschwindigkeit

Verwendete Adreßbuchstaben, Sonder- und Steuerzeichen

J, K, M, N, S, T, X, Y, Z	in Abschn. 7: Adreßbuchstaben nach DIN 66025
C, F, G, H, I	in Abschn. 7: Adreßbuchstaben nach DIN 66025; in Abschn. 2.1: Hardware- schnittstellen im NC-System AEG NUMERIK 400
CR	Carriage Return (ASCII-Steuerzeichen)
LF	Line Feed (ASCII-Steuerzeichen)

[1] Die bei logisch Null aktiven Steuersignale sind im Text mit
einem Querstrich (Negation) gekennzeichnet (z.B. $\overline{BB}$).

1   Einleitung

Die Hauptbeweggründe für die Entwicklung neuer Steuerungssysteme und Steuerungsverfahren sind Anwenderforderungen
nach erhöhter Produktivität und größerer Zuverlässigkeit. Bis
zum Ende der sechziger Jahre waren die Schwerpunkte der Entwicklung auf den inneren Aufbau der verbindungsprogrammierten
numerischen Steuerung und die vielfältigen Probleme bei der
Einführung der NC-Technik gerichtet /1/. Die Einbeziehung
leistungsfähiger Rechnersysteme in die numerische Steuerung
schuf in den Folgejahren die Voraussetzung für eine umfas-
sende Informationsverarbeitung in der Fertigung. Die Anstren-
gungen zur Erhöhung des Nutzungsgrades der Steuerungssysteme
konzentrieren sich nunmehr auf

- größeren Bedienkomfort an der Maschine,
- neue, zusätzliche Funktionen zur Vereinfachung und Optimierung von Fertigungsabläufen,
- leichte Anpassungsfähigkeit an Sondermaschinen und große
  Fertigungsanlagen,
- bessere Integration NC-gesteuerter Fertigungseinrichtungen
  in eine gut funktionierende betriebliche Organisation,
- weitergehende Automatisierung des Informationsflusses in
  der Fertigung,
- modulare, schrittweise erweiterbare sowie in Preis und
  Leistung anpassungsfähige Steuerungssysteme.

Die bedeutenden Fortschritte der Halbleitertechnik ermög-
lichen ständig neue, wirtschaftlichere Lösungskonzepte numerischer Steuerungen. Sie sind gekennzeichnet durch steigende
Leistungsfähigkeit und Zuverlässigkeit des Gerätesystems und
eine beträchtliche Erweiterung des Funktionsumfanges. Insbesondere durch Mikroprozessoren erhält die Steuerungsentwicklung neue Impulse für den Aufbau und die Strukturierung
von Steuerungssystemen. Sie eröffnen der NC-Technik ein
weites Feld neuer Anwendungen.

Neben der Breite des Angebots ist eine schnelle Aufeinander-
folge herstellerspezifischer Konzepte und Steuerungstypen er-

kennbar. Sie führen zu einer nachhaltigen Verkürzung der Produktlebensdauer. Diese rasche Entwicklung und die fehlende Kontinuität in den Produktlinien der Steuerungshersteller behindern das Bemühen der Anwender um firmeninterne Richtlinien /3/ zur Auswahl geeigneter NC-Werkzeugmaschinen und Steuerungssysteme, um durch Vereinheitlichung der Fertigungseinrichtungen die Ausbildungszeit von Programmierern, Bedienungs- und Unterhaltspersonal und die Lagerhaltung von Ersatzteilen zu verringern.

Die in Bild 1.1 dargestellten Einflußgrößen erweisen sich als Ursache für das schnelle "Veralten" bestehender NC-Systeme. Die im Vergleich zu Neuentwicklungen steigenden Wartungs- und Instandhaltungskosten sowie die ungenügende Nachrüstbarkeit älterer Steuerungstypen sind die Hauptgründe für einen stetigen Produktivitätsverlust.

Vorteile neuer hochintegrierter Halbleiterbauelemente	Auswirkungen auf die Steuerungsentwicklung
• erhöhte Zuverlässigkeit	• günstiges Preis-Leistungs-Verhältnis
• geringerer Leistungsverbrauch	• erhöhte Verfügbarkeit des Gerätesystems
• geringere Wärmeentwicklung	• kleinere Netzteile
	• weniger aufwendige Kühleinrichtungen
	• geringere Wärmebeanspruchung der Bauelemente
• steigende Miniaturisierung	• geringeres Hardware-Volumen
	• Raumeinsparung im Steuerschrank bzw. Integration in die Werkzeugmaschine
• beschleunigte Fehlerbeseitigung	• Identifizierung fehlerhafter Funktionen und Ersatz ganzer Schaltungskarten
• freiprogrammierbare Mikroprozessorbausteine	• in Preis und Leistung anpassungsfähige Steuerungssysteme
	• neue Rechnerkonfigurationen
• billigere Halbleiterspeicher	• Aufnahme neuer Steuerungsfunktionen
	• Integration von Diagnose- und Prüfsoftware
	• zunehmende Entwurfsfreiheit f. d. Konstrukteur

Bild 1.1: Einfluß der Bauelemente auf die Steuerungsentwicklung.

Wünschenswert für den Anwender ist beim heutigen Stand der Technik eine Konsolidierungsphase, die genutzt werden kann, um alle Möglichkeiten einer technologisch hochwertigen Steuerungslösung langfristig voll auszuschöpfen /4/. Erforderlich ist hierfür ein Konzept, das eine weitgehende Integration neuer Technologien, Funktionen und Verfahren in eine bestehende Konfiguration erlaubt. Notwendig ist eine stufenweise Ausbaufähigkeit von der Einzelsteuerung einer Fertigungseinrichtung bis zu übergeordneten Steuerungssystemen nach einem Konstruktionskonzept, das ein einfaches Projektieren und Anpassen an sich ändernde Problemstellungen ermöglicht.

In dieser Arbeit ist ein Lösungsweg zu entwickeln, der als Zielsetzung ein standardisierbares Bausteinsystem für NC-Steuerungsfunktionen verfolgt. Es sollen Steuerungsvarianten für ein breites Anwendungsspektrum durch Kombination von Hardware- und Softwarebausteinen erreicht werden. Den Ansatz bildet ein modulares Mehrprozessorsteuersystem, das als Verbund parallel arbeitender Mikrorechner konzipiert ist. Das Ziel ist die Nutzung moderner Mikroprozessortechnik für Funktionsbausteine eines NC-Baukastens zur einfacheren Projektierbarkeit numerischer Steuerungssysteme. Lassen sich die speziellen Anforderungen eines Steuerungssystems durch Zusammenfügen dieser Bausteine erfüllen, dann ist dieser Lösungsweg einfacher, bei geringen Stückzahlen - wie sie beispielsweise bei Sondermaschinensteuerungen häufig auftreten - kostengünstiger und der Transparenz des Systems dienlicher als eine individuell zu konzipierende Lösung.

Zur Unterscheidung von den bekannten Mehrprozessorsteuersystemen wird in dieser Arbeit für das zu entwickelnde modulare Mehrprozessorsteuersystem der bereits eingeführte Begriff MPST /2,6,7/ weiterverwendet.

2 Zielsetzung der Entwicklung eines modularen Mehrprozessor-steuersystems

2.1 Untersuchung der Modularität numerischer Steuerungen

Bei nahezu allen numerischen Steuerungen ist in Abhängigkeit
von dem gerätemäßigen Aufbau oder der Programmierung eine
weitgehende Modularität erkennbar. Sie äußert sich in der Realisierung austauschbarer NC-Funktionen als Hardwarekompo-
nenten mit spezifischen Schnittstellen oder als Softwaremodule
im Steuerungsrechner. Der Nutzen dieser Modularität ist jedoch, wie die folgenden Beispiele zeigen, für den Anwender
sehr stark eingeschränkt.
Kennzeichnend für die letzte Generation der festverdrahteten
NC (Numerical Control) ist die Gliederung der Steuerungsaufgabe in Funktionsblöcke, die in speziellen Hardwarebaugruppen
realisiert sind. Das Ziel ist eine Steuerungsfamilie mit
einer einheitlichen Grundausbaustufe. Das in Bild 2.1 beispielhaft dargestellte NC-System besteht aus zwei Grundeinheiten,

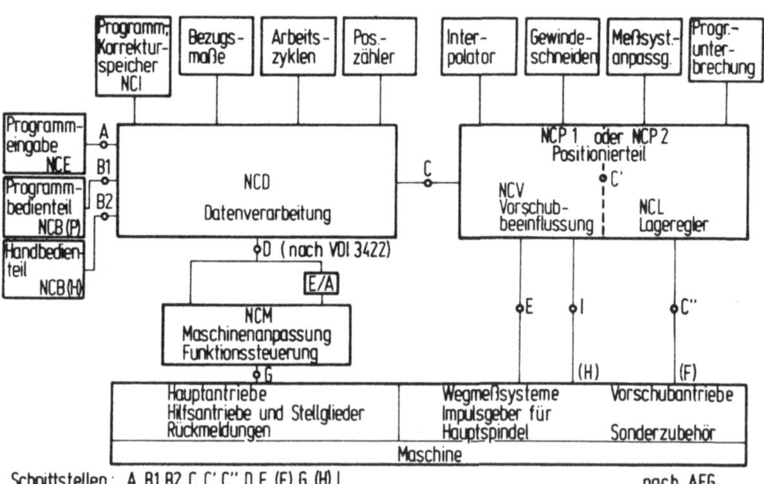

Bild 2.1: Numerische Steuerung (NC) in Komponentenbauweise
(System AEG NUMERIK 400; Jahr 1973).

die in sich busstrukturiert und durch Steckzusätze funktionell erweiterbar sind /10,11/. Die Komponenten für Dateneingabe, Bedienung, Anpaß- und Funktionssteuerung weisen festgelegte Anschlußstellen auf.

Die Vorteile dieses modularen Aufbaus ergeben sich durch

- Serienfertigung der Komponenten,
- Vereinfachung von Wartung und Service,
- Anpassungsfähigkeit an Kundenwünsche im Rahmen einer minimalen bzw. maximalen Ausbaustufe.

Nachteilig ist der geringe Funktionsgehalt der Hardwarebaugruppen und die daraus resultierende große Zahl unterschiedlicher Steckkarten und herstellerspezifischer Hardwareschnittstellen. Zudem wird die Einführung neuer Funktionen durch den erforderlichen speziellen Schaltungsentwurf im Prozessor sowie durch die hohen Kosten und den Aufwand analoger Schaltungen für Regelungsfunktionen behindert.

Im Vergleich zur NC ist bei speicherprogrammierten Steuerungen der enge geräte- und funktionsmäßige Zusammenhang durch die Universalität der eingesetzten Rechnersysteme nicht mehr gegeben.

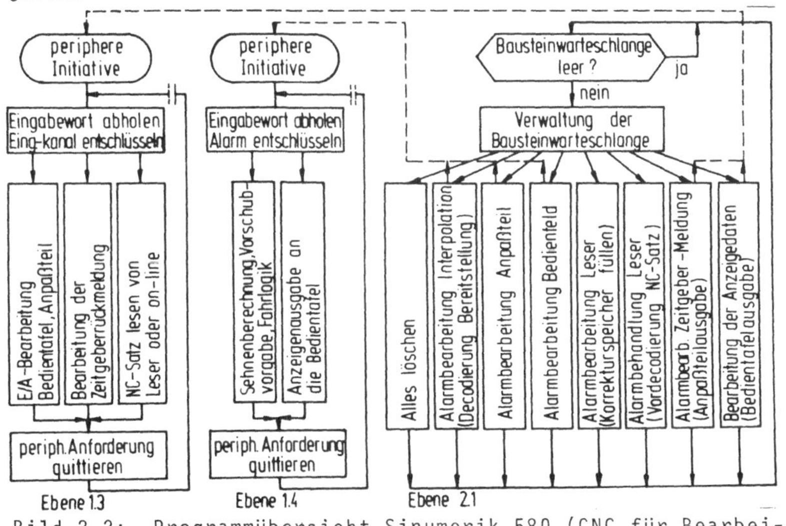

Bild 2.2: Programmübersicht Sinumerik 580 (CNC für Bearbeitungszentren) /13/.

Den Rechnerkern dieser CNC-Systeme (Computerized Numerical
Control) bildet ein kommerzieller Kleinprozeßrechner, der als
Grundaufwand für alle Steuerungsvarianten erforderlich ist.
Die Vorteile liegen in der Flexibilität der Software. Die in
Bild 2.2 dargestellte modulare Bausteinstruktur der Steue-
rungssoftware erlaubt ein einfaches Ändern oder Hinzufügen von
Funktionen ohne Eingriffe in den elektronischen oder mecha-
nischen Aufbau der Steuerung.
Die weitere Bedeutung der Softwarelösung liegt in der Ver-
lagerung von "Intelligenz" in die Steuerung. Beispielhaft
sind die automatische Optimierung von Regelkreisparametern
in adaptiven Regelungssystemen oder sogenannte "Look-ahead"-
Routinen, die vorausschauend - wie im Fall der Bahnberechnung -
Ecken und Wege zuerst in Pufferspeichern untersuchen.
Diese Fähigkeiten bilden die Grundlage zur Einbeziehung neuer
Funktionen in die Informationsverarbeitung der numerischen
Steuerung. Änderungen in den Systemprogrammen berühren dabei
häufig bestehende Programmteile. Sie sind deshalb aufgrund
der allgemein unzugänglichen Herstellerdokumentationen vom
Anwender allein nicht durchführbar. In Bild 2.3 sind die sich
ergebenden Vor- und Nachteile der CNC gegenübergestellt.

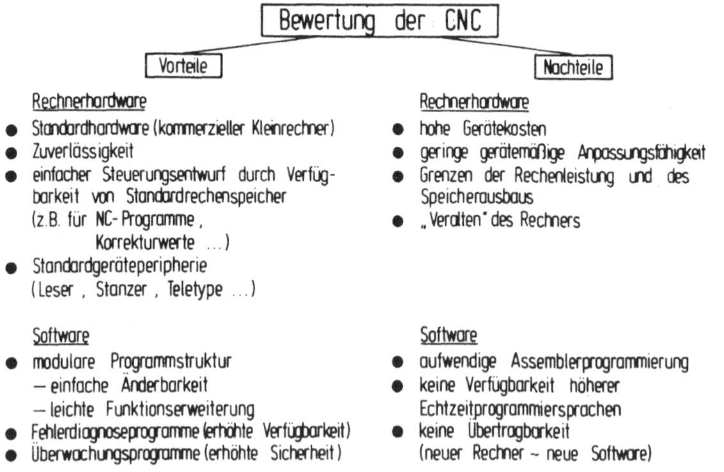

Bild 2.3:   Kriterien zur Bewertung der CNC.

Die MCNC (Mikrorechner-CNC) stellt eine Variante der CNC dar. Sie unterscheidet sich durch Verwendung eines langsamen und preiswerteren Mikrorechners und gezielter Verlagerung zeitkritischer Funktionen in periphere Baugruppen. Bild 2.4 zeigt die Struktur einer MCNC, deren zentraler Arbeitsrechner aus kommerziellen, standardisierten Mikrorechnerkomponenten mit Anschlußstellen für Standardperipheriegeräte besteht /16/.

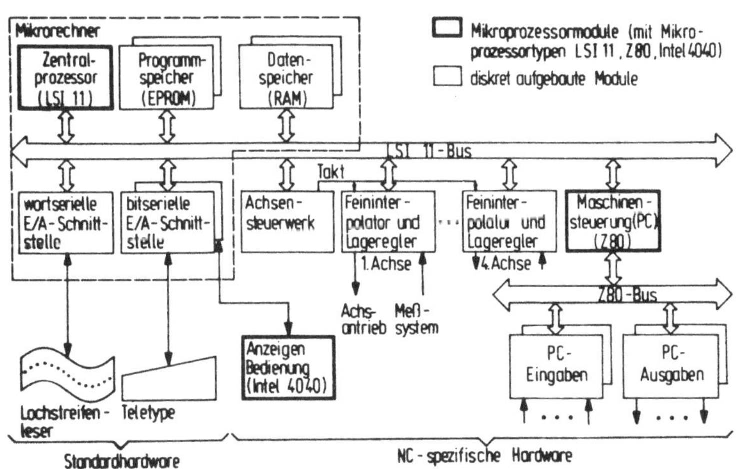

<u>Bild 2.4:</u> Beispielhafte Struktur einer Mikrorechner-CNC (MCNC).

Dem Mikrorechner sind organisatorische, zeitunkritische Aufgaben belassen, während die Funktionen mit speziellen Leistungsanforderungen wie Interpolation, Lageregelung, Funktionssteuerung in NC-spezifischen Peripheriekarten realisiert sind.

Das Bedienfeldsteuerwerk des räumlich getrennten Bedienfeldes enthält einen Mikroprozessor, der als sogenannter "Front-End"-Prozessor die Datenvorverarbeitung und den E/A-Verkehr über eine serielle Datenübertragungseinrichtung mit dem Zentralrechner unterstützt /17/.

Die Modularität des Steuerungsaufbaus wird in einer modularen
Softwarestruktur konsequent weitergeführt. Dies ermöglicht
eine einfache Anpassung an die Anzahl der Maschinenachsen oder
die maschinengerechte Bedienung.
Die Nachteile der MCNC liegen in der eingeschränkten funktions-
und gerätemäßigen Nachrüst- und Erweiterbarkeit durch die Be-
grenzungen des Mikrorechnersystems. Das Umrüsten auf den nächst
größeren Rechnertyp wird häufig durch fehlende Softwarekompa-
tibilität und neue Busschnittstellen behindert und bedeutet im
Regelfall die Neukonzipierung des Systems.
Charakteristisch für moderne Steuerungsentwicklungen ist der
verstärkte Trend zur dezentralen Informationsverarbeitung durch
den Verbund freiprogrammierbarer Mikroprozessormodule /6,8,9/.
Diese Mehrprozessorsteuerungen bestehen aus einem Zusammen-
schluß parallel arbeitender Mikroprozessorkomponenten, die einen in der Software fest vereinbarten Aufgabenumfang beinhalten. Sie kommunizieren miteinander und koordinieren ihre Funktionen über festgelegte Verbindungsstrukturen /18,19,20/.
Eine Klassifizierung ist durch die Vielfalt der Steuerungs-
konzepte sehr schwierig, doch sind im Hinblick auf die Konfiguration und die Organisation zwei prinzipielle Strukturen zu
erkennen (Bild 2.5).
Die Steuerungssysteme zeichnen sich aus durch hohe Rechenlei-
stung bei mehrfacher Verwendung vergleichsweise billiger Mikroprozessoren anstelle des Minirechners der konventionellen CNC.
Die hardwaremäßige Anpassungsfähigkeit von Mehrprozessorsteuerungen durch Verknüpfung mehrerer Prozessoren hat den Vorteil,
daß Einzelelemente programmierbar sind und im Falle ungenügen-
der Leistung die Gesamtkonfiguration verändert werden kann.
Die firmeninterne Standardisierung der Hardware- und Softwaremodule verbessert jedoch die Situation des Anwenders dadurch
nicht wesentlich, da unterschiedliche Fabrikate andere Ersatz-
teil-, Service- und Schulungsanforderungen stellen. Durch die
fehlende Transparenz der internen Nahtstellen bleibt die Anpassung an die vom Standard abweichenden Aufgabenstellungen
nur dem Steuerungshersteller vorbehalten.

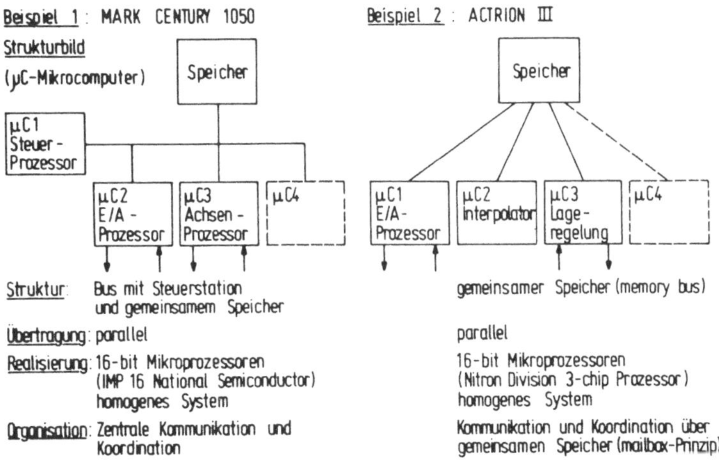

Bild 2.5:   Beispielhafte Strukturen von Mehrprozessor-
            steuerungen /20/.

Die aufgezeigten Beispiele verdeutlichen, daß einerseits die
Modularität auf eine flexible Anwendbarkeit der Steuerungssysteme ausgerichtet ist, andererseits aber nur im Rahmen einer
bestimmten Steuerungsfamilie eines Herstellers genutzt werden
kann. Häufig sind dabei Vorschriften über einzusetzende Antriebe, Meßsysteme oder periphere E/A-Geräte u. ä. mit enthalten.
Durch das wachsende Repertoire und die steigende Komplexität
der Bedien- und Verarbeitungsfunktionen in numerischen Steuerungen stellt sich neben der gerätemäßigen Anpassungsfähigkeit auch das Problem der funktionellen Anpassung. Es wurde
bisher durch spezielle Steuerungstypen für bestimmte Aufgaben-
klassen gelöst. Sie decken aber viele Anwendungen nicht ab,
die eine besondere Auswahl von Funktionen zur Ausführung zuge-
schnittener, maschinenspezifischer Lösungen erfordern.
Die hierzu notwendige funktionelle Anpassung und Erweite-

rung numerischer Steuerungen setzt ein Minimum an einschrän-
kenden Bedingungen voraus. Dies betrifft einerseits die Ausbaufähigkeit der Speicher- und Rechenkapazität des Steuergerätes
sowie externer Geräteschnittstellen und zum andern die Bereitstellung untereinander verträglicher und koppelbarer Softwaremodule. Hieraus ergibt sich für den Anwender die Forderung nach
einer umfassenden Standardisierung von Hardware- und Softwarebausteinen für ein unkompliziertes Ändern und Einbinden neuer
Steuerungsfunktionen im Rahmen eines erträglichen Kostenauf-
wands. Die dafür notwendigen Systemeigenschaften müssen deshalb schon im Entwurf des MPST-Systems durch die Vereinheitlichung und leichte Zugänglichkeit von Benutzerschnittstellen
und durch die Bildung eines adäquaten Bausteinsystems ge-
schaffen werden.

2.2 Anforderungen an ein MPST-Bausteinsystem

Der erfolgreiche Einsatz eines Bausteinsystems setzt voraus,
daß ein überschaubares und vollständiges Repertoire an Bausteinen zur Realisierung einer hinreichend großen Menge von
Steuerungsvarianten zur Verfügung gestellt werden kann.
Die Aufbautechnik eines modularen MPST-Systems verlangt sowohl Hardware- als auch Softwarebausteine (Bild 2.6). Rein
funktionelle Hardwarebausteine sind unumgänglich bei hohen
Anforderungen an die Steuerungsfunktion, die programmtechnisch
nicht mehr zu erfüllen sind. Anzustreben sind jedoch beim heutigen Stand der Mikroprozessortechnik leistungsfähige, frei-
programmierbare und universell einsetzbare Mikroprozessormodule. Sie sind Vielzweckbausteine und werden erst zu einem
Spezialbaustein, sobald in Verbindung mit funktionellen Softwarebausteinen eine Aufgabe mit ihnen gelöst wird /5/.
Die Spezialbausteine werden im folgenden als Funktionsmodule
bezeichnet.
Als wesentlicher Bestandteil für die Implementierbarkeit und
Einbettung von Softwarebausteinen ist ein lokales Betriebssystem in den Prozessorbausteinen mit den Fähigkeiten der

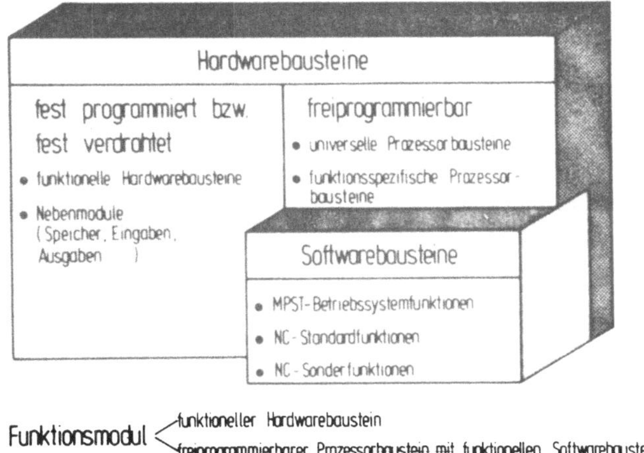

Bild 2.6: Elemente eines funktionellen MPST-Baukastens.

Taskverwaltung und der Kommunikation mit dem Gesamtsystem erforderlich. Dadurch erhält der Baukasten seine Aufbaustruktur, die dem Benutzer einen gleichmäßigen Zugang zu den verschiedenen Elementen anbietet.
Man kann erfahrungsgemäß annehmen, daß es keine optimale Zusammensetzung von Mikroprozessor- und Programmbausteinen geben kann, um alle gewünschten Funktionskombinationen, die durch die Typenvielfalt des Werkzeugmaschinenangebots auftreten, standardmäßig abzudecken. Die Flexibilität eines MPST-Systems nach dem Baukastenkonzept liegt vielmehr in der Variationsmöglichkeit der Anzahl einzusetzender Prozessoren und den Freiheitsgraden bei der Verteilung funktioneller Programmbausteine unter weitgehender Verwendung vorhandener Standardbausteine. Eine Neuentwicklung beschränkt sich auf Sonderfunktionen, die unter Einhaltung von Schnittstellenvereinbarungen zu erstellen sind. Dadurch werden Funktionskombinationen möglich, die es erlauben, einem breiten Anforderungskatalog gerecht zu werden.

2.3 Stand der MPST-Entwicklung

2.3.1 Die MPST-Busstruktur

In einem ersten Entwurfsschritt wurde in /23/ die Blockstruktur des MPST-Systems mit einem Uni-Bussystem zur Verbindung von Prozessoren, Speicher- und Ein-/Ausgabemodulen festgelegt (Bild 2.7).

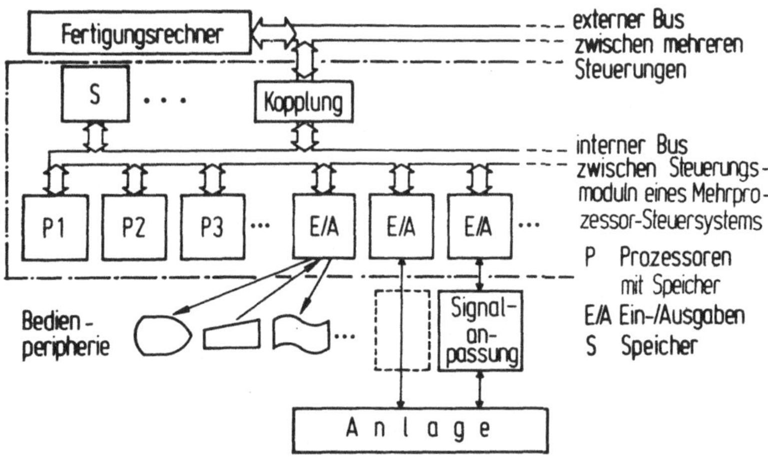

__Bild 2.7:__ Prinzip eines modularen Mehrprozessorsteuersystems (MPST).

Ein Uni-Bussystem stellt im Vergleich zu Multi-Bussystemen oder Multiport-Speicherstrukturen die kostengünstigste Kopplung von Prozessoren in sich ändernden Systemkonfigurationen dar. Verbindungen bestehender Module werden durch Hinzustekken neuer Komponenten nicht berührt.
Die Busstruktur erlaubt eine freie Wahl des Mikroprozessors in den Prozessormodulen. Die Speicher- und Ein-/Ausgabemodule sind prozessorunabhängig an den gemeinsamen Bus anschließbar. Die Anzahl der unterschiedlichen Schaltungskarten läßt sich so auf ein Minimum beschränken.

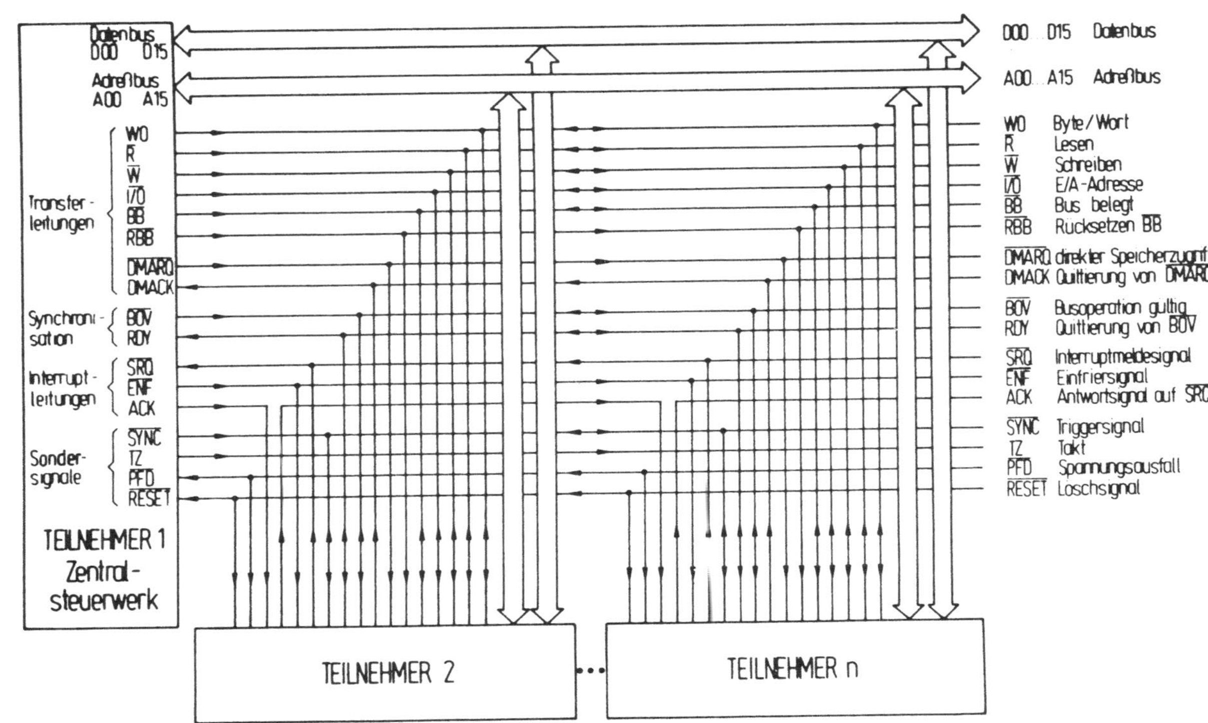

Bild 2.8: Struktur und Signale des MPST-Parallelbus.

Bild 2.8 zeigt die Struktur des festgelegten, internen MPST-
Bussystems. Die Leistungsmerkmale, der technologische Aufbau
sowie die zeitlichen und logischen Abläufe der MPST-Buspro-
zeduren sind in /2,23,24/ ausführlich beschrieben.
Der MPST-Bus ist zunächst passiv und bietet keine Auswahl kon-
kurrierender Prozessorzugriffe. Durch Erweiterung mit einem
Bussteuerwerk, das nach einem interruptgesteuerten Auswahlver-
fahren arbeitet, können für Funktionsmodule Prioritäten ver-
geben werden. Das MPST-System sieht hierfür einen Mikroprozessormodul vor, der als Zentralsteuerwerk die Verwaltung des
zentralen MPST-Interruptsystems und des MPST-Busses übernimmt.
Die Fähigkeit der Prozessoren, ihre passiven Nebenmodule selb-
ständig über den MPST-Bus zu bedienen, ermöglicht die Bildung
weitgehend autonomer Steuerungsfunktionen. Daraus ergeben sich
günstige Voraussetzungen für die einfache Austauschbarkeit
kompletter Steuerungsfunktionen sowie für den Teilbetrieb und
den Test des Steuerungssystems.
Durch die Festlegung des MPST-Bussystems ist bei Einhaltung
der Aufbauvorschriften die hardwaremäßige Kompatibilität von
anzuschließenden Modulen gegeben.

2.3.2   Die zu lösenden Teilaufgaben

Das wesentliche Merkmal eines Mehrprozessorsteuersystems ist
eine fließbandartige Verarbeitung von Daten in Funktionsmodulen, denen NC-Funktionen fest zugeordnet sind. Die Verwaltungsdaten und die funktionsspezifischen Ein-/Ausgabedaten
werden über gemeinsam genutzte Speicher untereinander ausgetauscht. Im Vergleich zu Einprozessorsystemen tritt somit an
Stelle des "Time Sharing"-Konzepts das entsprechende Konzept
des "Space Sharing" /5/. Die Aufgaben der Betriebsorganisation verlagern sich auf die Verständigung der Prozessoren untereinander über den Fortgang des funktionellen Steuerungsab-
laufs. Sie beinhalten den Austausch benötigter Daten und die
Synchronisierung der Prozessoren, die Funktionen unterschied-
lich schnell abwickeln.

Die in dieser Arbeit zu lösenden Teilaufgaben umfassen fol-
gende Kernprobleme:

1. Analyse der Trennbarkeit von Funktionen der numerischen
   Steuerung nach steuerungstechnischen Kriterien und Festlegung des Aufgabeninhaltes von Funktionsmodulen. Eine
   schrittweise Zerlegung der Steuerungsfunktionen in autonome,
   überschaubare Softwarebausteine soll unter Berücksichtigung einer hierarchischen Programmstruktur zur Unterstützung
   der TOP-DOWN-Vorgehensweise beim Entwurf von MPST-Systemen
   erfolgen.

2. Entwicklung und Aufbau eines Mikroprozessormoduls als universeller Prozessorbaustein zur Konfigurierung von MPST-
   Systemen. Bei dem Entwurf sind insbesondere Systemgesichts-
   punkte für einen effizienten Betrieb des Gesamtsystems zu
   beachten.

3. Entwicklung und Implementierung eines an die Hardwarestruktur angepaßten, benutzerfreundlichen MPST-Betriebssystems.
   Neben der zeitoptimalen Verwaltung funktioneller Abläufe
   soll das Betriebssystem durch einfache Benutzerschnittstellen die unter Punkt 1 angestrebte Softwarebausteinstruk-
   tur unterstützen. Hierzu gehören Systemvereinbarungen über
   Informationsschnittstellen und Betriebssystemfunktionen für
   die Ablaufsteuerung, Taskverwaltung und Kommunikation.

4. Entwurf und Aufbau eines Bedienfeldsteuerwerkes für eine
   universell einsetzbare Bedienungseinheit mit normgerechter
   Anschlußstelle.

5. Erprobung eines MPST-Systems zusammen mit Hardware- und
   Softwarebausteinen, die parallel zu dieser Arbeit an anderen Stellen entwickelt wurden.

Die Darstellung in Bild 2.9 beinhaltet zusammenfassend die
drei Schritte der Vorgehensweise bei dem Entwurf eines fle-
xiblen MPST-Konzepts.

Die Voraussetzungen bilden die modularen Mehrprozessorstruktur, basierend auf dem MPST-Buskonzept, und die modulare Programmstruktur als Abbild einer Menge teilbarer Steuerungsfunktionen. Der Lösungsansatz besteht in der überdeckungsfreien Abbildung der modularen Programmstruktur auf die modulare Mehrprozessorstruktur. Dies setzt ein benutzerfreundliches Betriebssystem voraus zur einfachen Implementierung von NC-Steuerungsfunktionen in Mikroprozessormodulen und zur Festlegung der Ablauffolge von Funktionen in einer variierbaren Steuerungskonfiguration.

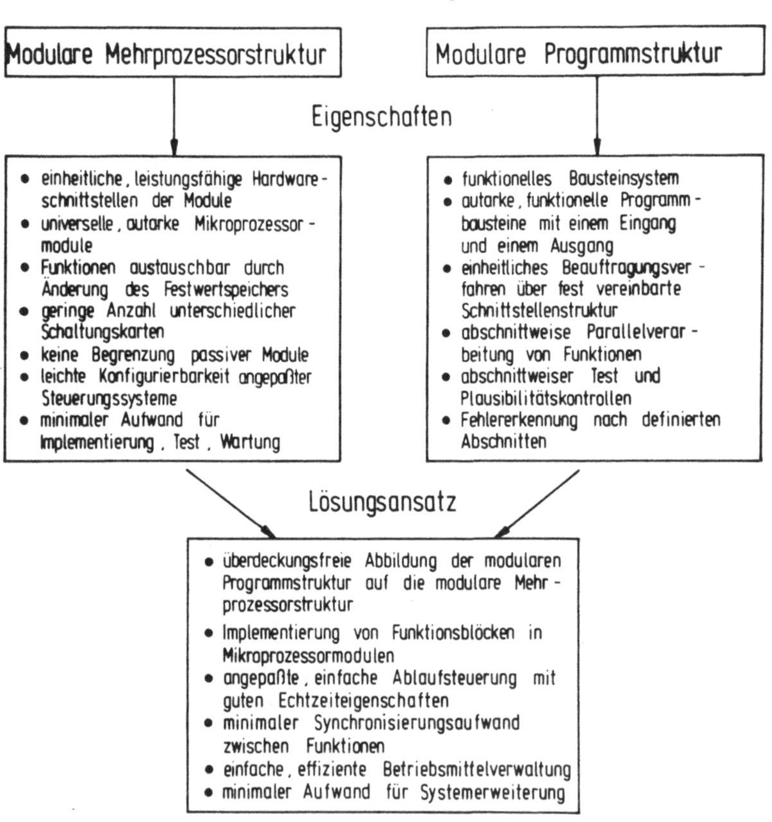

Bild 2.9: Lösungsansatz für ein MPST-System.

3 Separierbare Funktionen der numerischen Steuerung

3.1 Kriterien für die Schnittstellenfestlegung zwischen Steuerungsfunktionen

Funktionen der numerischen Steuerung gliedern sich in

- anwendungs- und anlagenabhängige Funktionen, die nach außen
  zur Bedien- und Maschinenperipherie wirken, und in
- interne Verarbeitungsfunktionen, die in numerischen Steuerungen durch unterschiedliche Ausbaustufen, Erweiterungen
  und Optionen der Informationsverarbeitung gekennzeichnet
  sind.

In Bild 3.1 wird zusätzlich unterschieden zwischen Grundfunk-
tionen, die als sog. NC-Standardfunktionen in allen numerischen
Steuerungen nahezu in gleichwertiger Form vorliegen, und erwei
ternden Funktionen, die als neue Funktionen untersucht und er-
probt sind, aber noch nicht in allen Steuerungen zum allgemeinen Standard gehören. Sie sind in /6,7,11,27...30/ hin-
länglich beschrieben.
Ihre unterschiedlichen Ausführungsformen entstehen in Abhängigkeit von prozeßspezifischen Peripheriegeräten wie Bedienfeld,
Antriebe, Meßsysteme oder von speziellen Bewegungsabläufen in
der Maschine, der Anzahl simultan zu steuernder Achsen sowie
erhöhten Geschwindigkeits- und Genauigkeitsanforderungen.
Durch die häufig anzutreffende Integration in die Steuerungssoftware wird die üblicherweise der numerischen Steuerung
(Programmsteuerung) nachgeschaltete Funktionssteuerung /12/
neben den NC-Funktionen aufgeführt.
Typisch für die interne Programmstruktur der meisten Grund-
funktionen sind Programmweichen für Sprünge in erweiternde
Funktionen, die zur Ausführung besonderer Anforderungen dienen. Sie sind von der Aufgabenstellung her mit den Grundfunk-
tionen artverwandt, werden meist von einem funktionsspezifischen Steuerprogramm verwaltet oder als Prozeduren geführt
und greifen auf gemeinsame Datenbereiche zu.

	zur Peripherie wirkende Funktionen			interne Verarbeitungsfunktionen	
	Bedienung u. NC Dateneingabe	Lageregelung	Funktions-steuerung	NC-Daten-verarbeitung	Interpolation
Abhängigkeit von	•Bedienfeld •Programmierung •Bedienkomfort (Standard-, Hand-eingabe-, Sonder-steuerung)	•Achsantrieben •Meßsystemen •Regelungsverfah-ren (analog, hy-brid, digital)	•Komplexität der Maschine •geforderte Zykluszeit •Zusatzfunktionen	•funktionellen Anforderungen (Optionen, Sonder-funktionen für spezielle Bear-beitungsverfahren)	•Interpolations-verfahren •Anzahl bahnge-steuerter Achsen •Verfahrgeschw u Genauigkeit
Grundfunktionen	•Lochstreifenein-gabe (nach DIN 66025) •NC-Progr-speiche-rung •NC-Progr-korrektur •Werkzeugkorrek-turwerteingabe •Vorschubbeein-flussung •Positionsanzeige	•Lageregelung mit Soll-Ist-Vergleich •Bereitstellung aktueller Ist-werte	•logische Verknup-fungen •Diagnose und Uberwachung des Prozesses	•NC-Progr.-verwal-tung •NC-Satzdecodie-rung (nach DIN 66025) •Werkzeuglangen-korrektur •Nullpunktkorrek-tur	•Linearinterpola-tion typisch: für 3 Achsen •Zirkularinterpola-tion typisch: in 1 Ebene in 3 Ebenen (umschaltbar 2 aus 3 Achsen) •Verarbeitung der manuellen Vor-schubbeeinflussung
erweiternde Funktionen	•Dialogsystem für Bedienerführung •Anzeige auswahl-barer Daten •Tastenprogram-mierung –nach Werkstatt-zeichnung –Menutechnik –Konturprogram-mierung (achs- und konturpar-allele Schnitt-aufteilung)	•Geschwindigkeits-regelung •Geschwindigkeits-vorsteuerung •Schleppabstands-überwachung •Spindelsteigungs-fehlerkompensat. •Driftuberwa-chung und -kompensation •Schrittmotor-ansteuerung	•Zahl-, Zustell- und Positionier-funktionen •Inbetriebnahme- und Testhilfen	•Decodierung ver-einbarter Adreß-buchstaben •Arbeitszyklen •Unterprogramme •Spiegelungen •Aquidistanten-berechnungen •Arbeitsraum-uberwachung •Verarbeitung von AC-Funktionen (NC-Satz-Gene-rierung)	•Gleichlaufbewe-gungen •durch Algorithmen verknupfte Zu-satzbewegungen •Parabelinterpola-tion •Umkehrspielaus-gleich •automatische Programmunter-brechung •gefuhrtes An-fahren und Ab-bremsen (slope) •Vorschubbeein-flussung durch AC-Funktionen

<u>Bild 3.1:</u> Funktionen der numerischen Steuerung.

Es ist angebracht, eine Einteilung der numerischen Steuerung
in Funktionsblöcke vorzunehmen und einem Funktionsblock die
Funktionen zu unterstellen, die zur Ausführung der Gesamt-
funktion des Funktionsblockes beitragen. Damit hat man ein

Bewertungsschema, das eine quantitative Beurteilung einer Modularisierung und Bildung von funktionellen Programmbausteinen zuläßt.

Als Kriterium kann die interne Bindung von Funktionen in einem Funktionsblock herangezogen werden. Die interne Bindung sollte nach /26/ innerhalb der Skala

zufällig - logisch - zeitlich - datenbezogen - verkettet - funktionell -

möglichst hoch sein. Die Kopplung und gegenseitige Abhängigkeit getrennter Funktionsblöcke sollte hingegen schwach sein. Das bedeutet möglichst einfache, zeitunkritische Schnittstellen und während der Bearbeitung keine Zugriffe über Funktionsblockgrenzen hinweg. Der Einflußbereich eines Funktionsblokkes sollte innerhalb seines Kontrollbereichs liegen, d. h. er sollte nur die Funktionen beeinflussen, die in der Baumstruktur liegen, dessen Wurzel er selbst darstellt.
Eine geringe blockinterne Bindung oder ein hoher externer Koppelaufwand durch Datentransfers weisen auf eine schlechte Aufteilung oder eine unzureichende Teilbarkeit hin.

3.2   Reaktionszeiten und Datenschnittstellen der Grundfunktionen

Bild 3.2 zeigt in einer groben Blockstruktur die Funktionen und Datenschnittstellen einer speicherprogrammierten numerischen Steuerung. In dieser Darstellung ist einerseits der Datenfluß und zum andern die ablauforientierte Sequenz der Funktionen erkennbar. Die Funktionen spiegeln die Struktur der Verarbeitungspfade und lassen sich durch Leistungsanforderungen wie Genauigkeits- oder Zeitbedingungen bewerten. Die Datenfelder als Datenschnittstellen enthalten nach Beendigung einer Funktion neue Eingabewerte für die Folgefunktion.

Reaktionszeiten

In Bild 3.3 sind die NC-Standardfunktionen in bezug auf die

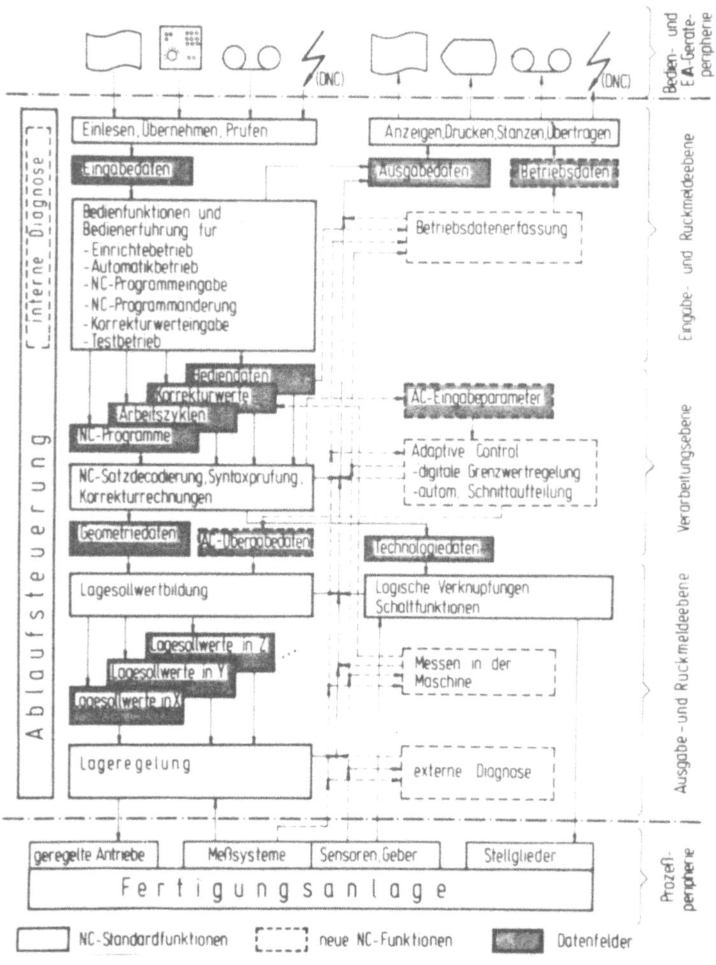

Bild 3.2: Funktionen und Datenschnittstellen in einer CNC.

Komplexität der Programmlänge und ihrer Programmlaufzeit zur Funktionsausführung verteilt. Zur Gewinnung dieser Daten wurden Programmteile in CNC- und MCNC-Steuerungen herangezogen. Die schraffierten Bereiche geben die Streuung der ermittelten Werte durch unterschiedliche Ausführungen und Verfahren an.

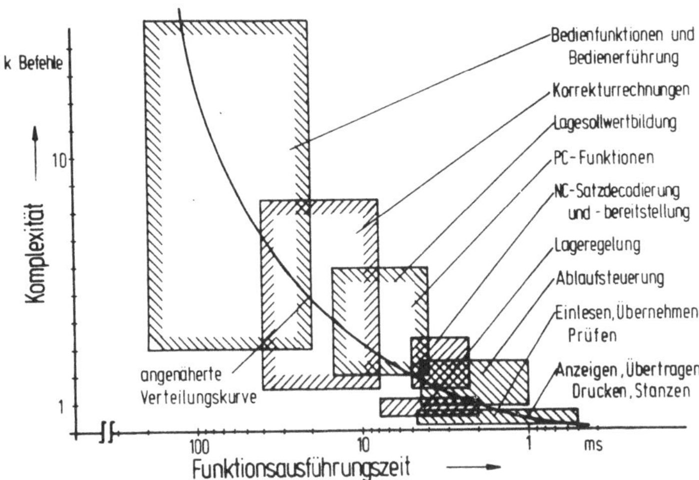

<u>Bild 3.3:</u>   Verteilung der Programme von Steuerungsfunktionen
bzgl. Komplexität und Funktionsausführungszeit.

Zur Peripherie wirkende Programme wie Lageregelung oder interruptgesteuerte Datenein-/ausgabe sind kurz und laufen im
Rechnersystem mit hoher Priorität. Die Einhaltung der Abtast-
intervalle bei zeitdiskreter Lageregelung und die schritthal-
tende Bedienung von bit- und byte-seriellen Sende- und Emp-
fangsbaugruppen an den Geräteschnittstellen erfordern sehr
kurze Reaktionszeiten im Bereich < 5 ms. Im Gegensatz hierzu
können Bedienfunktionen zur Verarbeitung der Eingabedaten und
zur Bereitstellung der Ausgabedaten sehr komplex sein und nie-
derprior ablaufen, da die Schnittstelle Steuerung - Mensch
am Bedienfeld Reaktionszeiten von einigen 100 ms zuläßt.
Es können somit in einem Mikroprozessormodul eines MPST-Systems
komplexe, unterbrechbare Funktionen mit einer oder mehreren
hochprioren und schnell ablaufenden Funktionen zusammengefaßt
werden.
Hingegen können Programme mittlerer Komplexität wie NC-Satzdecodierung, Werkzeugradiuskorrektur, Interpolation u. ä.,
die gleichzeitig mit kurzen Verarbeitungszeiten im (10 ...
20) ms-Bereich beaufschlagt sind, schnell die Leistungsgrenze

des Mikroprozessors überschreiten. Dies bedeutet, daß für Programme Wartezeiten auftreten, die Unterbrechungen des Datenflusses zur Folge haben und durch Freischneiden oder Überfahren von Positionswerten die Konturgenauigkeit beim Zerspanungsprozeß beeinträchtigen können. Derartige Funktionen bieten sich zur Verteilung auf parallele Prozessoren an.

<u>Datenraten</u>

Die Datenfelder in Bild 3.2 stellen zwischen den Funktionen eine einfache Erzeuger-Verbraucher-Relation her. Sie entkoppeln Programme mit unterschiedlicher Arbeitsgeschwindigkeit und bieten hochprioren Funktionen verzögerungsfreien Zugriff. Bild 3.4 enthält die groben Werte des Datenumfangs und der Übergabezeitintervalle der Datenschnittstellen nach Bild 3.2. Aus diesen Angaben können die erforderlichen Datenraten und Reaktionszeiten für die Datenübergabe ermittelt werden. Die Hierarchie der funktionellen Prioritäten nimmt von der Eingabeebene über die Verarbeitungsebene zur Ausgabeebene zu.
Die Lageregelung stellt zeitlich die kritischsten Anforderungen. Enthält die Sollwertliste nur einen Wert pro Achse, dann benötigt bei einem zeitdiskreten Lageregelungsverfahren /14, 15/ mit Abtastintervallen von ΔT = 5 ms das Lageregelprogramm von der Interpolation innerhalb von 5 ms für jede Achse einen neuen Lagesollwert. Ein Überschreiten dieses Zeitrasters ist nicht zulässig.
Die kürzeste Satzabarbeitungsdauer des Interpolators beträgt unter Verwendung eines rekursiven Interpolationsverfahrens zweiter Ordnung und einem festen Zeitraster T_G = 20 ms für die Grobinterpolation /32/

- bei erforderlicher Zirkularinterpolation (Vollkreis) 200 ms,
- bei Linearinterpolation 20 ms.

Dies bedeutet, daß im Extremfall die NC-Satzdecodierung innerhalb 20 ms einen neuen NC-Satz aufbereiten und der Interpolation die Geometriedaten zur Verfügung stellen muß. Der zu übergebende Geometriedatenblock umfaßt bei einer 4-Achsen-Bahnsteuerung maximal 50 byte.

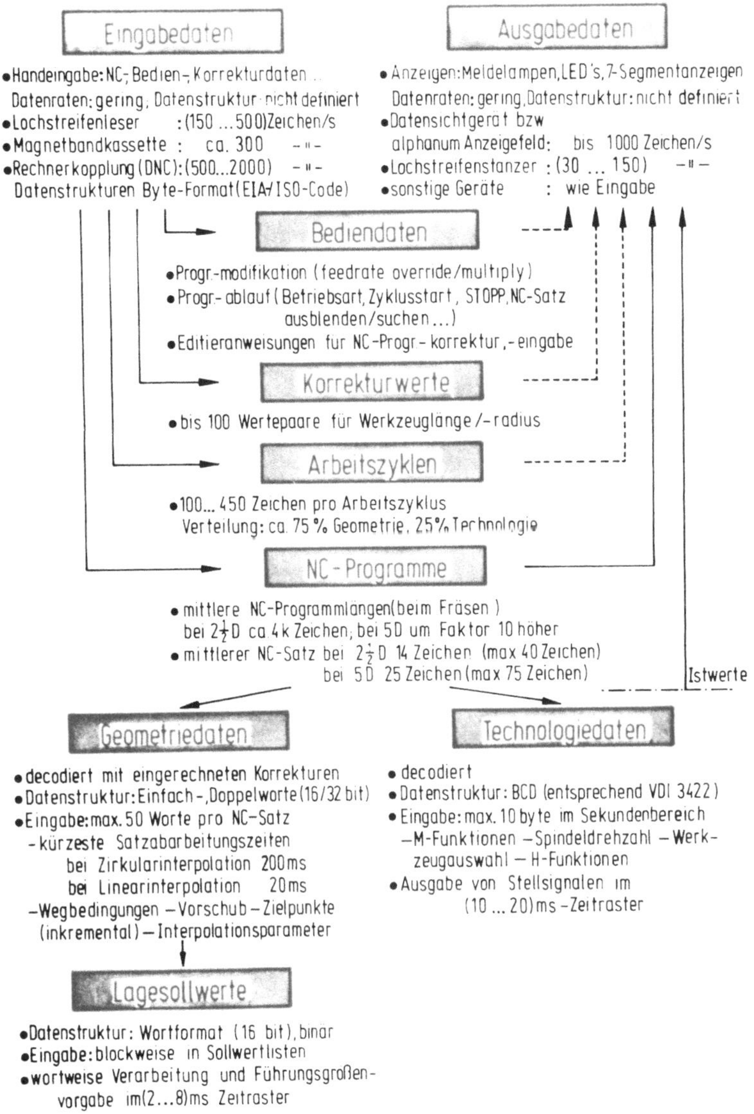

Eingabedaten

- Handeingabe: NC-, Bedien-, Korrekturdaten ..
  Datenraten: gering; Datenstruktur nicht definiert
- Lochstreifenleser : (150 ... 500) Zeichen/s
- Magnetbandkassette : ca. 300 – " –
- Rechnerkopplung (DNC): (500...2000) – " –
  Datenstrukturen Byte-Format (EIA/ISO-Code)

Ausgabedaten

- Anzeigen: Meldelampen, LED's, 7-Segmentanzeigen
  Datenraten: gering, Datenstruktur: nicht definiert
- Datensichtgerät bzw
  alphanum Anzeigefeld: bis 1000 Zeichen/s
- Lochstreifenstanzer : (30 ... 150) – " –
- sonstige Geräte : wie Eingabe

Bediendaten

- Progr.-modifikation (feedrate override/multiply)
- Progr.-ablauf (Betriebsart, Zyklusstart, STOPP, NC-Satz
  ausblenden/suchen ...)
- Editieranweisungen für NC-Progr.-korrektur, -eingabe

Korrekturwerte

- bis 100 Wertepaare für Werkzeuglänge/-radius

Arbeitszyklen

- 100 ... 450 Zeichen pro Arbeitszyklus
  Verteilung: ca. 75 % Geometrie, 25 % Technologie

NC-Programme

- mittlere NC-Programmlängen (beim Fräsen)
  bei $2\frac{1}{2}$D ca. 4k Zeichen; bei 5D um Faktor 10 höher
- mittlerer NC-Satz bei $2\frac{1}{2}$D 14 Zeichen (max 40 Zeichen)
  bei 5D 25 Zeichen (max 75 Zeichen)

Istwerte

Geometriedaten

- decodiert mit eingerechneten Korrekturen
- Datenstruktur: Einfach-, Doppelworte (16/32 bit)
- Eingabe: max. 50 Worte pro NC-Satz
  - kürzeste Satzabarbeitungszeiten
      bei Zirkularinterpolation 200 ms
      bei Linearinterpolation 20 ms
  - Wegbedingungen – Vorschub – Zielpunkte
    (inkremental) – Interpolationsparameter

Technologiedaten

- decodiert
- Datenstruktur: BCD (entsprechend VDI 3422)
- Eingabe: max. 10 byte im Sekundenbereich
  - M-Funktionen – Spindeldrehzahl – Werk-
    zeugauswahl – H-Funktionen
- Ausgabe von Stellsignalen im
  (10 ... 20) ms – Zeitraster

Lagesollwerte

- Datenstruktur: Wortformat (16 bit), binär
- Eingabe: blockweise in Sollwertlisten
- wortweise Verarbeitung und Führungsgrößen-
  vorgabe im (2...8) ms Zeitraster

<u>Bild 3.4:</u> Grobe Darstellung der Datenschnittstellen nach
Bild 3.2.

Die Anforderungen der Funktionssteuerung an die NC-Satzdecodierung sind zeitunkritisch, da Schaltvorgänge der Werkzeug-
maschine im Sekundenbereich und entweder vor oder nach Bewe-
gungen der Achsen ablaufen.
Um die schnelle NC-Satzdecodierung zu gewährleisten, ist ein
schneller Zugriff auf den NC-Programmspeicher sowie auf Arbeitszyklen, Unterprogramme und Korrekturwerte erforderlich.
Hierbei fallen bei satzweisem Nachladen der NC-Sätze Daten-
blöcke von maximal 75 byte an.
Die Bedien- und Meldefunktionen, die in denselben Speicherbereichen arbeiten, stehen in ihrer Priorität hinter den ge-
schilderten Funktionen zurück. Die im Bereich der NC-Daten-
ein/-ausgabe anfallenden, hohen Datenmengen werden bei be-
stehenden Steuerungssystemen nicht im Automatikbetrieb, sondern vor oder nach dem NC-Programmlauf transferiert, um eine
Blockierung der Datenwege zu vermeiden. Die im Automatikbetrieb anfallenden NC-Satz- und Istwertanzeigen werden nieder-
prior an die Meldefunktionen übergeben.

Auswirkungen auf das MPST-System

Da die gesamte Problemlösung der NC-Datenverarbeitung sequen-
tieller Art ist, müssen parallel ablaufende Funktionen syn-
chronisiert werden. Häufig werden in Einprozessorsystemen
Aufgaben aus Übersichtlichkeitsgründen parallel organisiert,
aber zeitlich ineinander verzahnt ausgeführt. Die für diese
Pseudoparallelität erforderlichen Synchronisationsmechanismen
sind die gleichen wie bei echter Parallelität. Sie müssen in
der Ablaufsteuerung des MPST-Systems gelöst werden durch

- eine Programmstruktur, die eine sequentielle und parallele
  Aktivierung der NC-Funktionen erlaubt, und durch
- Datenschnittstellen, die eine typische Warterelation her-
  stellen und nachhängende oder vorauseilende Funktionen wieder in einen vorgeschriebenen Rhythmus bringen.

Das gewünschte Ziel in einem MPST-System ist das Vorauseilen
der auf Prozessoren verteilten Funktionen, so daß die letzte,

meist prozeßnahe Funktion keine Wartezeiten bei der Datenübergabe erfährt. Die hohen Anforderungen zeitkritischer NC-Funktionen nach schneller Verfügbarkeit des MPST-Busses und kurzzeitig hohen Datenraten lassen sich durch geeignete Methoden der gepufferten Datenübergabe reduzieren. Beispielhaft sind organisierte Datenpuffer wie Ringspeicher mit Schreib- und Lesezeiger oder Wechselpuffer mit Umschaltung über binäre Zustandsvariablen.

Wenn die aus Bild 3.2 hervorgehenden Datenraten in einer vergleichbaren MPST-Konfiguration über den MPST-Bus transferiert werden, dann sind im Extremfall (20 ms NC-Satzabarbeitungsdauer) alle 20 ms ca. 100 Worttransfers (16-bit Worte) für Nutzdaten erforderlich. Bei einer langsamen Transferzykluszeit von 10 µs (realisierbarer Wert (2...4) µs) beträgt dafür die Busbelegung 1 ms. Die Addition einer geschätzten Verlustzeit von 5 ms für Busverwaltung und Übertragung von Organisationsdaten führt in diesem Extremfall zu einer Busbelastung von 33 %. Die Aussage kann dahingehend interpretiert werden, daß der MPST-Bus genügend Leistungsreserven besitzt, um die Aufteilung von NC-Funktionen auf parallele Prozessoren sowohl nach systemtheoretischen Gesichtspunkten zur Optimierung der Schnittstellen als auch nach praxisorientierten Kriterien im Hinblick auf ein universelles, handhabbares Bausteinsystem vornehmen zu können.

3.3 Festlegung von Funktionsblöcken

Zur Konfigurierung einer MPST-Grundversion werden unter Berücksichtigung der aufgezeigten Schnittstellenkriterien (vgl. Abschnitt 3.1 und 3.2) fünf Funktionsblöcke definiert /2/:

- Zentralsteuerwerk   (ZST)
- Bedien- und Steuerdatenein/-ausgabe   (BSEA)
- NC-Datenverwaltung, -aufbereitung und -verteilung   (NCVA)
- Geometrische Informationsverarbeitung   (GEO)
- Technologische Informationsverarbeitung der
  programmierbaren Steuerung   (PC)

(Die Klammerinhalte werden im folgenden als Abkürzungen wei-
terverwendet).
Durch diese Abgrenzung der Funktionsblöcke wird die numerische
Steuerung in Teilsysteme aufgelöst, die Kernpunkte der Infor-

---

Bedien-und Steuerdatenein /- ausgabe

— NC-Programmspeicherung (mit zugehörigen Verwaltungsarbeiten)
— Bedienung und Bedienerführung
— Plausibilitätskontrolle für Eingabedaten
— Daten aufbereiten, verteilen und sammeln
— Editorfunktionen (für NC-Programmänderung, Korrektur-
  werteingaben, Parametereinstellung usw.)
— Abarbeitung einlesbarer Prüfprogramme
— Ausführung nichtresidenter Monitor-und Editorfunk-
  tionen zum Programmieren und Testen des PC

NC-Datenverwaltung,-aufbereitung und-verteilung

— NC-Steuerdatenübernahme (von NC-Programmspeicher oder BSEA)
— NC-Programmverwaltung
— NC-Programmdecodierung
— Arbeitszyklen
— Unterprogramme
— Äquidistantenberechnung
— Werkzeug-und Nullpunktkorrektur
— Spiegelung
— Arbeitsraumbetrachtungen (Software-Endschalter-Überwachung)
— Datenverteilung und Synchronisierung der Abarbeitung
  (zwischen GEO und PC)
— Abänderung aktueller NC-Sätze
— Automatische Schnittaufteilung

Geometrische Informationsverarbeitung

— Interpolation
— Lageregelung mit Soll-Ist-Vergleich
— Slope (geführtes Anfahren u. Bremsen)
— Referenzpunkt anfahren
— Schleppabstandsüberwachung
— Vorschuberzeugung
— Spindelsteigungsfehlerkorrektur , Meß-
  systemkorrektur
— Driftüberwachung u. Kompensation
— Override-Realisierung
— Istwert-Bereitstellung (Lage-Istwerte,
  Schleppabstände, Restwege)

PC-Funktionen

— Verknüpfung der programmierten
  Schaltfunktionen mit den Rückmeldungen zu neuen Stellsignalen
  (wie z.B. Werkzeugwechsel, Schalt-
  rundtisch, usw.)
— Zählfunktionen (z.B. Werkstück-
  zählung, Betriebsstundenzählung usw.)
— konstante Schnittgeschwindigkeit

<u>Bild 3.5:</u> Beispielhafte Zuordnung von NC-Funktionen zu
        Funktionsblöcken.

mationsverarbeitung bilden. Die PC-Funktionen werden als au-
tarker Funktionsblock in die MPST-Struktur integriert. Diese
Aufteilung sorgt für eine ausgewogene Verteilung der Leistungsanforderungen und berücksichtigt einfache Informationsschnittstellen mit geringem gegenseitigem Datenaustausch. Sie ermöglicht den hardwaremäßig getrennten Aufbau und die Bearbeitung
der Funktionsblöcke in eigenen Mikroprozessormodulen. Jeder
Funktionsblock arbeitet auf seine eigene, funktionsspezifische
Prozeßperipherie, so daß keine Aufgabenteilungen vorliegen,
die eine aufwendige Prozeßumschaltung oder Zuteilungsstrategie erfordern.
Der Funktionsblock Zentralsteuerwerk übernimmt die zentrali-
sierten Funktionen zur Organisation

- des Systemanlaufs (Systeminitialisierung)
- des regulären Betriebsablaufs (zentrale Ablaufsteuerung)
- des irregulären Betriebsablaufs (Systemfehlerbehandlung)
- der Betriebsmittelverwaltung (Verwaltung und Überwachung
  des MPST-Bus- und -Interruptsystems).

In Bild 3.5 sind die Funktionen, die den NC-spezifischen
Funktionsblöcken zugeordnet sind, zusammengefaßt.
Diese Zuordnung besagt, daß Funktionen in dem entsprechenden
Funktionsblock anzusiedeln sind, wenn sie im MPST-System
ausgeführt werden. Erweiterungen durch neue oder modifizierte
Funktionen (vgl. Bild 2.9 und 2.10) sind möglich.

3.4 Die beauftragbare Funktion

In Abschnitt 3.3 wurden Funktionen, die sich als Programmbausteine ausführen lassen, nach vorgegebenen Kriterien (vgl.
Abschnitt 3.1) in Funktionsblöcken zusammengefaßt.
Die meisten Funktionen (vgl. Abschnitt 3.5) führen aber nur
in Verbindung mit weiteren Funktionen desselben Funktionsblocks zu einer abgeschlossenen Tätigkeit. Es ergeben sich
somit im voraus bestimmbare Funktionsfolgen, die nach außen
als beauftragbare Funktion (abgekürzt BF) angeboten und

intern von einem Modulbetriebssystem als Task verwaltet werden können. Aus Anwendersicht wird dadurch die BF zur klein-
sten abrufbaren Tätigkeit in einem Funktionsblock. Die BF löst
ein spezifisches Problem unter Verwendung einer bestimmten
Menge aus den zur Verfügung stehenden Funktionen. Bild 3.6
zeigt die dadurch entstehende interne Struktur der Funktionsblöcke.

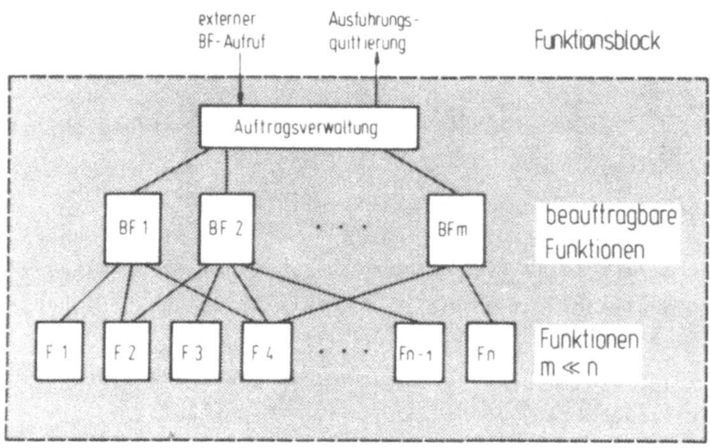

<u>Bild 3.6:</u>   Interne Strukturierung der Funktionsblöcke.

Ein Funktionsblock enthält mindestens eine BF. Über einen zu
vereinbarenden Beauftragungsmodus werden BF's von einem externen Initiator gestartet, unterbrochen, fortgesetzt und beendet. Die Steuerungsabläufe eines MPST-Systems gleichen damit BF-Folgen, die der Anwender in Form von Auftragsketten in
der Ablaufsteuerung programmiert.
Basierend auf dieser hierarchischen Programmstruktur sind ein-
heitliche Softwareschnittstellen zu schaffen, die zur Unterstützung der TOP-DOWN-Vorgehensweise beim Entwurf von Steuerungssystemen beitragen. Die Analyse einer Steuerungsaufgabe
führt zunächst zur Definition von Funktionsblöcken, die eine
fest umrissene Aufgabe des Gesamtsystems übernehmen (vgl.

Abschnitt 3.3). Im nächsten Schritt werden Funktionsblöcke in
beauftragbare Funktionen (BF) zerlegt, die sich ihrerseits
wiederum unter Verwendung einer Programmbibliothek aus allgemein gültigen Standardprogrammbausteinen zusammensetzen lassen.
Die Zerlegung von Funktionen der numerischen Steuerung führt
neben der Möglichkeit zur Verteilung auf parallel arbeitende Prozessoren auch zum Abbau der Komplexität in der Steuerungssoftware. Dies erhöht die Verständlichkeit und Transparenz der Steuerungssoftware in allen Entwicklungsphasen.

4 Hardwarekonfiguration des MPST-Systems

Neben der funktionellen Aufteilung hängt der erfolgreiche
Betrieb eines MPST-Systems von der effizienten Kommunikation
zwischen den Funktionsmodulen ab. Die Kommunikation über den
passiven MPST-Bus wird beeinflußt durch den Aufbau der Busschnittstellen in den Prozessormodulen, die Topologie des
Systemspeichers /33/ und die Organisation der MPST-Busverwaltung in der Betriebssoftware. Im folgenden werden die Hard-
wareaspekte untersucht.

4.1 Speicherverteilung im MPST-System

Neben dem Festwertspeicher für funktionsspezifische Programme
benötigen die Prozessoren einen Datenspeicher zur Ablage der
erzeugten variablen Daten und zur Bearbeitung der als gemeinsam erklärten Daten, die von allen Prozessoren gelesen bzw.
verändert werden dürfen. Die letzteren sind in einem gemeinsamen Adreßraum zu führen, auf den alle Prozessoren Zugriff

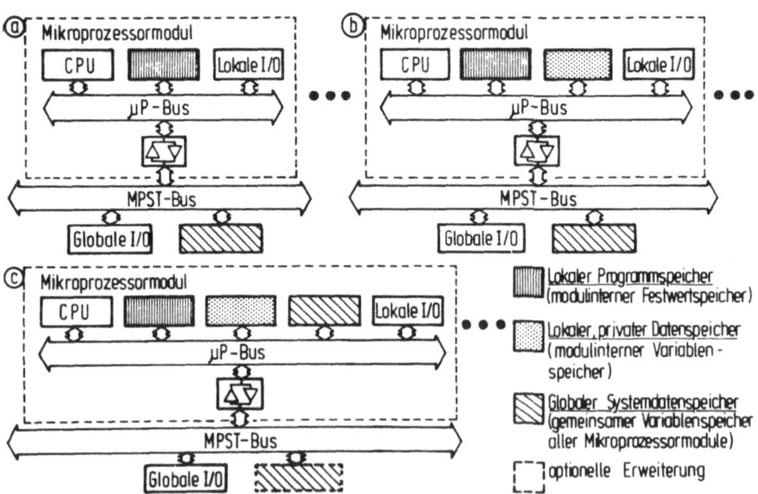

<u>Bild 4.1:</u> Varianten zur Verteilung des Datenspeichers in
einem Mehrprozessorsystem.

haben. Er dient zur Datenübergabe zwischen den Prozessoren
und zur Ablage von Systemdaten für die Verwaltung und Synchronisierung der parallelen Aktivitäten.

Bild 4.1 zeigt drei Varianten zur Verteilung des Datenspei-
chers auf die Systemkomponenten eines Mehrprozessorsystems.
Variante a stellt ein festgekoppeltes Mehrprozessorsystem
dar, bei dem die Prozessoren keinen eigenen, privaten Datenspeicher besitzen, sondern in einem gemeinsamen, globalen
Systemdatenspeicher arbeiten. Das leistungsbegrenzende Ele-
ment ist der gemeinsame Bus, der sich bei steigender Prozessorzahl schnell als Engpaß erweist. Dies wird durch zusätzliche private, lokale Datenspeicher in den Prozessormodulen,
entsprechend der Variante b, vermieden. Man erhält ein lose
gekoppeltes System mit Modulen, die einen vollständigen
Mikrorechner enthalten.

Bild 4.2 zeigt die Ergebnisse einer in /34/ durchgeführten
Simulation zweier Mehrprozessorkonfigurationen, die sich entsprechend den Varianten a und b in der Verfügbarkeit eines
privaten Speichers unterscheiden.

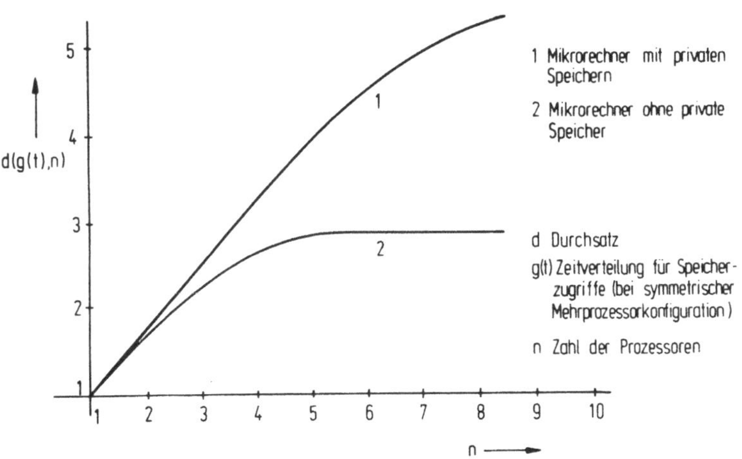

Bild 4.2: Abhängigkeit des Durchsatzes von der Zahl der
Prozessoren.

Die Zeitverteilung g(t) ist eine bei der Simulation frei
wählbare Zufallsverteilung, die angibt, mit welcher Wahr-
scheinlichkeit ein Prozessor einen Zeitabschnitt der Länge t
selbst aktiv ist, bevor er erneut auf den globalen Speicher
zugreift. Dem Beispiel in Bild 4.2 ist entnehmbar, daß sich
ohne private Speicher ab der Prozessorzahl n = 5 keine Lei-
stungssteigerung mehr erreichen läßt.
Bei Variante c (vgl. Bild 4.1) wird der globale Systemspei-
cher teilweise oder vollständig in die Prozessormodule hin-
einverlegt. Es wird eine wesentliche Entlastung des MPST-
Busses erreicht, da umfangreiche Bearbeitungsphasen in globalen Speicherbereichen innerhalb den Prozessormodulen ausgeführt werden. Dafür wird ein höherer Speicherplatzbedarf
durch mehrfaches Abspeichern von Steuerdaten- und Parameter-
listen in den Prozessormodulen erforderlich.
In bezug auf die Anforderungen eines MPST-Systems nach in
sich abgeschlossenen, autarken Funktionsmodulen und flexibler Erweiterbarkeit bei geringer MPST-Busbelastung erweist
sich die Speicherverteilung der Variante c als günstig.

4.2 Aufbau der MPST-Busschnittstelle aktiver Busteilnehmer

Aktive Busteilnehmer sind Prozessormodule, die entsprechend
Bild 4.3 sowohl aktiv als auch passiv am Datenaustausch beteiligt sein können. In der aktiven Rolle adressiert der betrachtete Prozessormodul einen zweiten MPST-Busteilnehmer
und liest oder schreibt in dessen Datenübergabespeicher. In
der passiven Rolle wird umgekehrt der Datenübergabespeicher
des betrachteten Prozessormoduls von einem zweiten gelesen
oder beschrieben. Die Durchschaltrichtungen für Adressen,
Daten und Steuersignale sind von der Steuerlogik der MPST-
Busanpassung zu realisieren.
Neben einem hohen Datendurchsatz müssen MPST-Busschnitt-
stellen einen geringen Bauelemente- und Platzbedarf auf der
Schaltungskarte aufweisen.
Das Schnittstellenkonzept läßt sich zum Zwecke der Übersicht-

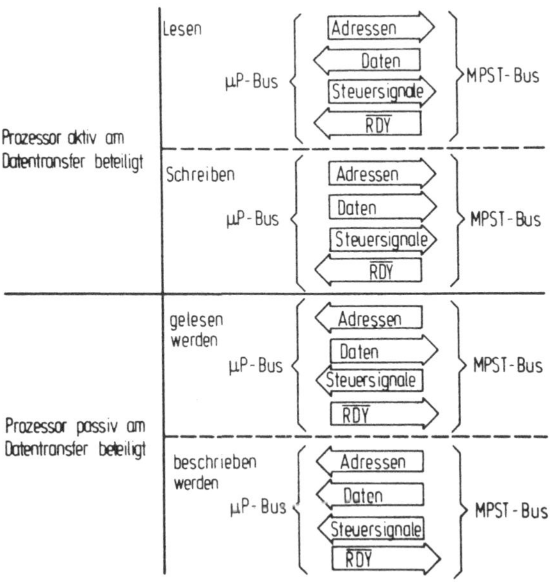

Bild 4.3: Durchschaltrichtung für Adressen, Daten und
           Steuersignale in der Busanpassung.

lichkeit für den aktiven und passiven Datentransfer getrennt
darstellen. Die Gesamtlösung wird durch Überlagerung gewonnen.

4.2.1 Aktive E/A-Schnittstellen zum MPST-Bus

Im folgenden werden drei Lösungen für aktive, programmgesteuerte MPST-Ein-/Ausgabeschnittstellen vorgestellt.
Die erste Variante in Bild 4.4 arbeitet mit über den I/O-
Adreßbereich des Mikroprozessors ladbaren und lesbaren Re-
gistern für Daten, Adressen, Steuersignale und Statusanzei-
gen. Der volle Adreßraum ist intern und extern auf dem MPST-
Bus (64 k Adressen) verfügbar und die Einsatzmöglichkeit

hochintegrierter, programmierbarer E/A-Bauelemente ist gegeben. Nachteilig ist der hohe Platzbedarf für 16-bit Adreß- und Datenwege. Durch Zwischenspeicherung der Adressen, Daten

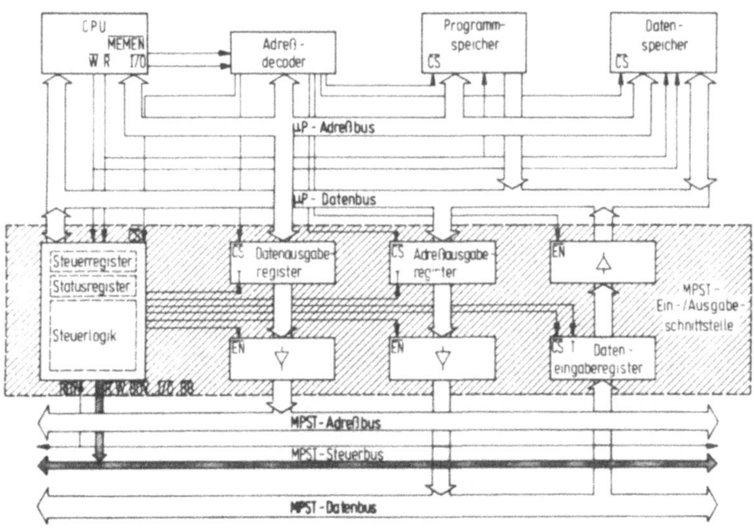

Bild 4.4: MPST-Ein-/Ausgabeschnittstelle über adressierbare Register.

und Steuersignale und die Softwaresynchronisierung (zyklische RDY-Statusabfrage) wird die Datenübertragung sehr langsam.

Die zweite Variante nach Bild 4.5 arbeitet nach dem "Memory Mapped I/O"-Prinzip (Speicherschnittstelle) und ermöglicht bei geringem Hardwareaufwand eine schnelle, programmgesteuerte Datenübertragung. Durch direktes Herausführen des Mikroprozessorbusses über Treiberbausteine auf den MPST-Bus sind schnelle Transferzyklen mit der Arbeitsgeschwindigkeit des Prozessors möglich. Durch WAIT-Zyklen paßt sich der Prozessor automatisch an langsamere MPST-Busteilnehmer an.

Als Nachteil ist die erforderliche Aufteilung des 64 k Adressierungsbereiches in den internen Programm- und Datenspeicher

und den externen Adreßraum auf dem MPST-Bus zu werten. Nicht
vom Mikroprozessorbus bereitgestellte oder ableitbare MPST-
Steuersignale sind softwaremäßig über ein Ausgaberegister zu
erzeugen.

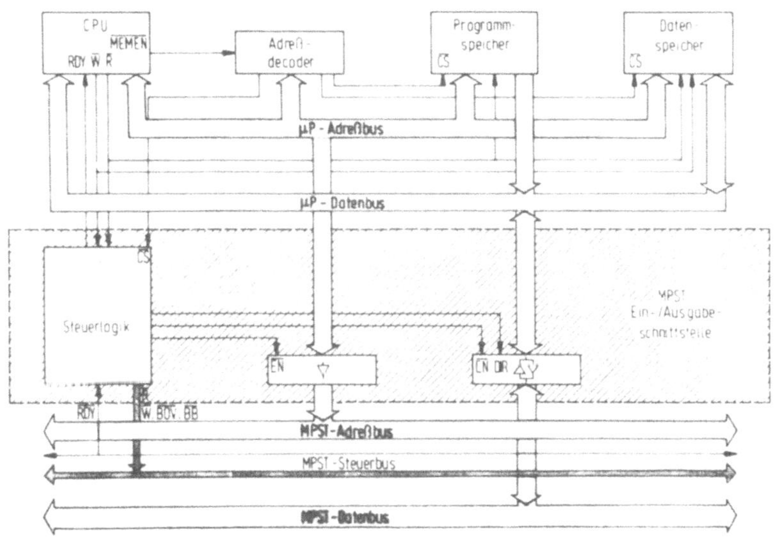

Bild 4.5:   MPST-Ein-/Ausgabeschnittstelle nach dem Prinzip
            "Memory Mapped I/O".

Bild 4.6 stellt eine weitere Variante des "Memory Mapped
I/O"-Prinzips mit Adreßzwischenspeicherung dar. Dem Adreß-
ausgaberegister und dem bidirektionalen Datentreiber ist je
eine Speicheradresse zugeordnet, über die sie vom Adreßdecoder selektiert werden. Die Ein- bzw. Ausgabe erfolgt über
zwei Transferbefehle

- laden des Adreßausgaberegisters mit der Zieladresse und
- transferieren der Daten,

wobei die Adreß-, Daten- und Steuersignaltreiber beim zweiten
Transferbefehl durchzuschalten sind. Der volle interne Adreßbereich bleibt erhalten auf Kosten einer langsameren Datenübertragung.

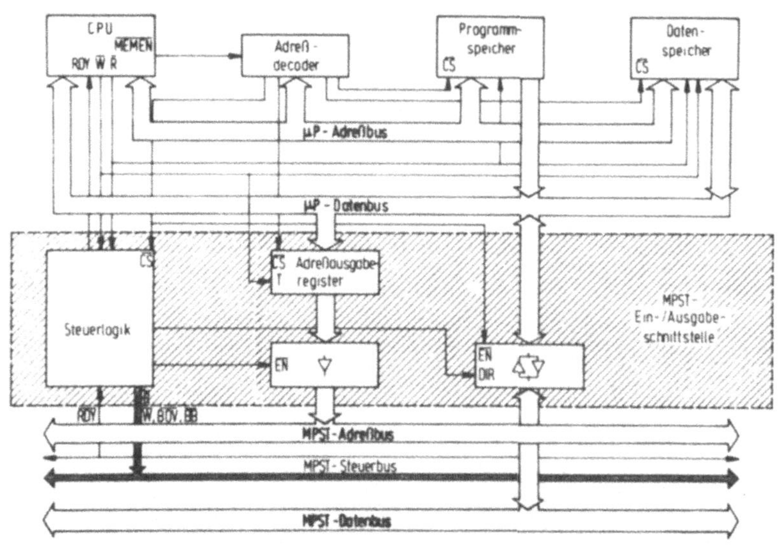

Bild 4.6:   MPST-Ein-/Ausgabeschnittstelle nach dem Prinzip "Memory Mapped I/O" mit Adreßzwischenspeicherung.

Das wichtigste Bewertungskriterium ist eine schnelle Datenübertragung mit kurzen MPST-Busbelegzeiten. Zudem sollte aus Gründen der Beherrschbarkeit die Komplexität der auf Prozessoren verteilten Funktionen begrenzt bleiben. Dies bedeutet, daß die volle Speicherkapazität eines Prozessors nicht benötigt wird. Die Speicherschnittstelle (Memory Mapped I/O nach Bild 4.5) erfüllt diese Anforderungen mit dem vergleichsweise geringsten Hardwareaufwand.

4.2.2   Passive E/A-Schnittstellen zum MPST-Bus =

Über die passiven Busschnittstellen besteht vom MPST-Bus her Zugriff auf den Datenübergabespeicher des betrachteten Prozessormoduls. Jeder aktive Teilnehmer besitzt zur Identi-

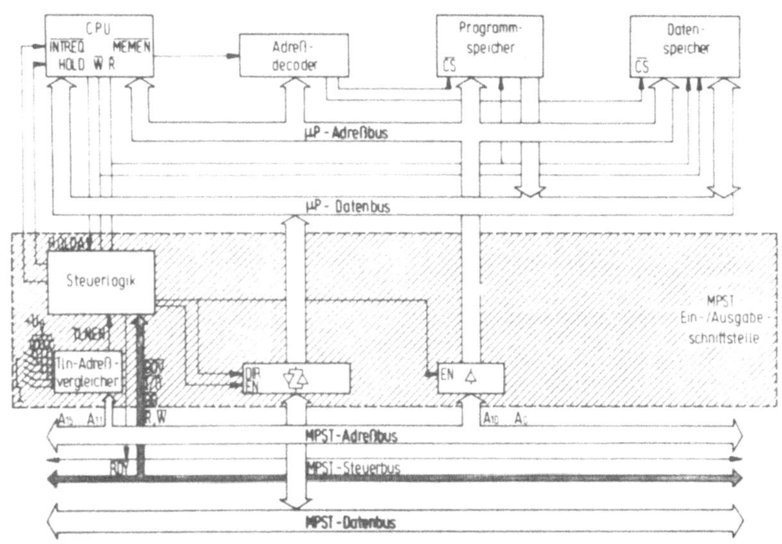

Bild 4.7: Passive MPST-Busschnittstelle mit direktem Speicherzugriff (DMA-Schnittstelle).

fikation eine 5-bit breite, einstellbare Teilnehmeradresse. Ein Adreßvergleicher erkennt über den Vergleich mit den 5 höchstwertigen MPST-Adreßbitstellen ($A_{15}...A_{11}$) einen externen Transferwunsch auf den Datenübergabespeicher.

Bei der DMA-Schnittstelle (Direct Memory Access) in Bild 4.7 erfolgt der DMA-Zugriff im HOLD-Zustand des Prozessors. Er bleibt so lange erhalten, bis der komplette Datentransfer, dessen Dauer das MPST-Steuersignal $\overline{BB}$ (Bus belegt) anzeigt, abgeschlossen ist. Schreibzyklen auf den Datenübergabespeicher sind interruptbildend, so daß unmittelbar nach dem HOLD-Zustand ein Interruptantwortprogramm die Einträge identifizieren kann.
Eine im "cycle stealing"-Verfahren arbeitende DMA-Schnittstelle nützt die Lücken, während denen der Prozessor zwischen

zwei Speicherzyklen den Bus freigibt für den externen Speicherzugriff. Der Prozessor muß hierbei nur in den HOLD-Zustand gezwungen werden, wenn der Speicherzugriff der DMA-
Schnittstelle länger als der CPU-interne Verarbeitungszyklus
dauert. Der Hardwareaufwand zur Synchronisierung ist dabei
stark abhängig von der Mikroprozessorarchitektur und dem Takt-
raster der Befehlszyklen. Manche Prozessoren haben die Arbeitsregister nicht im Prozessor, sondern im Arbeitspeicher
(RAM) wie z. B. der Mikroprozessor TMS 9900 von Texas Instruments. Bei der Ausführung jedes Befehls muß nicht nur auf
den im Arbeitsspeicher stehenden Operanden zugegriffen werden, sondern auch auf den Inhalt der Arbeitsregister. In diesem Fall erweist sich ein "cycle stealing"-Verfahren als sehr
aufwendig und schwierig.

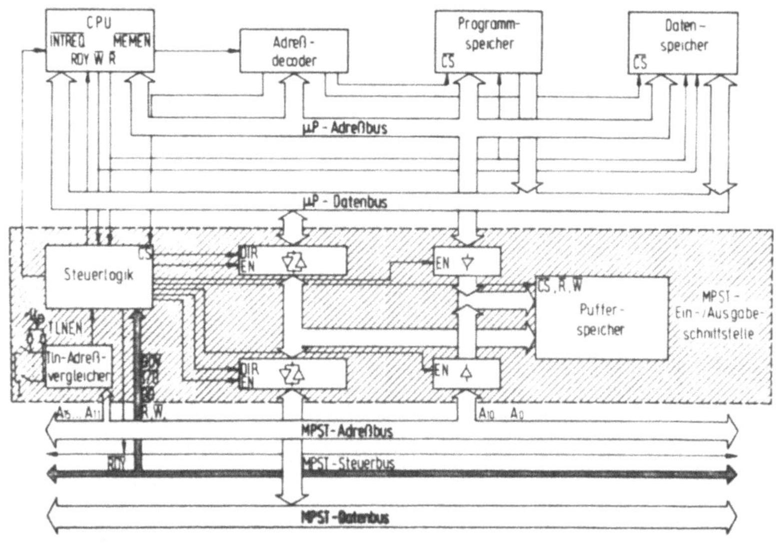

<u>Bild 4.8</u>:   Passive MPST-Busschnittstelle mit Pufferspeicher
für Datenübergaben.

Die Lösung in Bild 4.8 vermeidet den HOLD-Zustand des Prozessors durch einen Pufferspeicher zur Datenübergabe.

Die Steuerlogik koordiniert die Zugriffe, wobei der Prozessor
bei belegtem Pufferspeicher den WAIT-Zustand einnimmt, bis
er über das Quittierungssignal RDY (Ready) die Zuteilung erhält. Schreibzyklen vom MPST-Bus in den Pufferspeicher sind
wie im vorigen Fall interruptbildend.

Die gewichtigsten Vorteile der DMA-Schnittstelle liegen in
der geringeren Logik und der einfachen Kombinierbarkeit mit
aktiven E/A-Schnittstellen, insbesondere mit der in Abschnitt
4.2.1 bevorzugten Speicherschnittstelle (Memory Mapped I/O).
Diese Kombination führt zu der Lösung mit dem geringsten Bau-
elementeaufwand bei 16-bit breiten Adreß- und Datenwegen und
erfüllt die Forderung nach direkter Adressierbarkeit der ver-

teilten Datenübergabebereiche und einem schnellen, programm-
gesteuerten Datenverkehr zwischen MPST-Busteilnehmern.

4.3 Aufbau eines 16-bit MPST-Mikroprozessormoduls

Zur Realisierung eines MPST-Prototypensystems ist es nahe-
liegend, zur Vereinfachung der Hardware- und Softwareent-
wicklung zunächst einheitlich für alle Prozessormodule denselben Mikroprozessortyp einzusetzen. Als Auswahlkriterium
dienen die arithmetischen und zeitlichen Anforderungen der
geometrischen Informationsverarbeitung, die durch einen 16-
bit Mikroprozessor mit leistungsfähigem Befehlssatz, einschließlich Multiplikation und Division, zu erfüllen sind.
Bild 4.9 zeigt das Blockschaltbild der MPST-Busschnittstelle bei Verwendung des 16-bit Ein-Chip-Mikroprozessors TMS
9900. Die Durchschaltrichtungen der bidirektionalen Treiberbausteine werden von der Schnittstellenlogik entsprechend
Bild 4.3 realisiert. Die Synchronisierlogik paßt die Signale
des MPST-Busses zeitlich an den Systemtakt und die Befehlszyklen des Mikroprozessors an.
Die Aufteilung des Adreßbereichs durch den Adreßdecoder geschieht gemäß Bild 4.10.

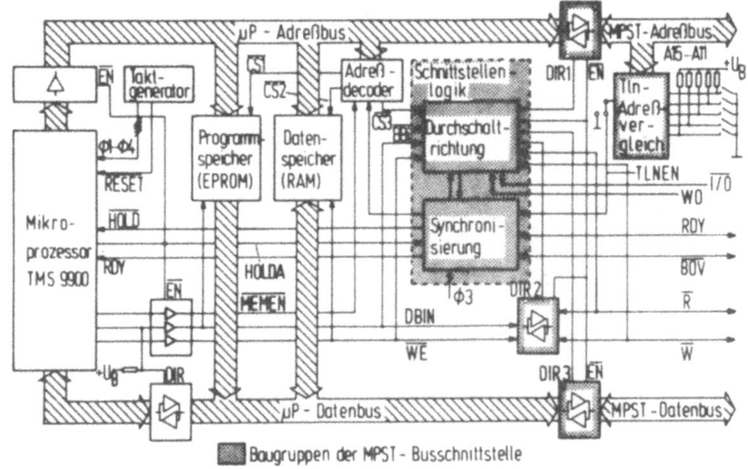

Bild 4.9: Blockschaltbild der MPST-Busschnittstelle.

Adressen		64 kbyte Adressierungsraum	Block
hexadezimal	dezimal	aktiver Teilnehmer	Nr
0000	0		0
			1
1000	4096		2
		24 kbyte	3
2000	8192	Programmspeicher	4
		(EPROM)	5
3000	12288		6
			7
4000	16384		8
			9
5000	20480		10
			11
6000	24576	2 kbyte Datenspeicher (RAM)	12
		(erweiterbar)	13
7000	28672	Übergabeadreßbereich für Tln 1	14
7800	30720	—"— 2	15
8000	32768	—"— 3	16
8800	34816	—"— 4	17
E000	57344		
E800	59392	Übergabeadreßbereich für Tln 15	29
F000	61440	—"— 16	30
F800	63488	eigener 2 kbyte Datenübergabebereich (RAM)	31
10000	65536		

Bild 4.10: Speicherbelegung in aktiven MPST-Busteilnehmern.

Dem Mikroprozessormodul stehen in seinem 64 k Byteadressen umfassenden Speicherraum für seine funktionsspezifischen Programme die ersten 26 k byte sowie am Speicherende ein 2 k byte Schreib-/Lesespeicher als Datenübergabebereich zur Verfügung. Der dazwischenliegende, virtuelle Adreßbereich dient zur Adressierung der Datenübergabespeicher in weiteren 16 MPST-Busteilnehmern. Die Hardwareadreßdecodierung schaltet beim Erkennen externer Adressen den Mikroprozessorbus direkt auf den MPST-Bus durch.
Bei Verwendung der Karte als Zentralsteuerwerk läßt sich die Zugriffsmöglichkeit auf den Übergabespeicher (DMA-Schnittstelle) ausschalten. Das Zentralsteuerwerk beteiligt sich somit nur aktiv an einem Datentransfer. Der Ausfall der Überwachungseinheit durch unerlaubtes Überschreiben von Speicherbereichen oder Unterbrechungen der Überwachungsfunktion durch HOLD-Zustände des Prozessors während dem DMA wird dadurch verhindert.

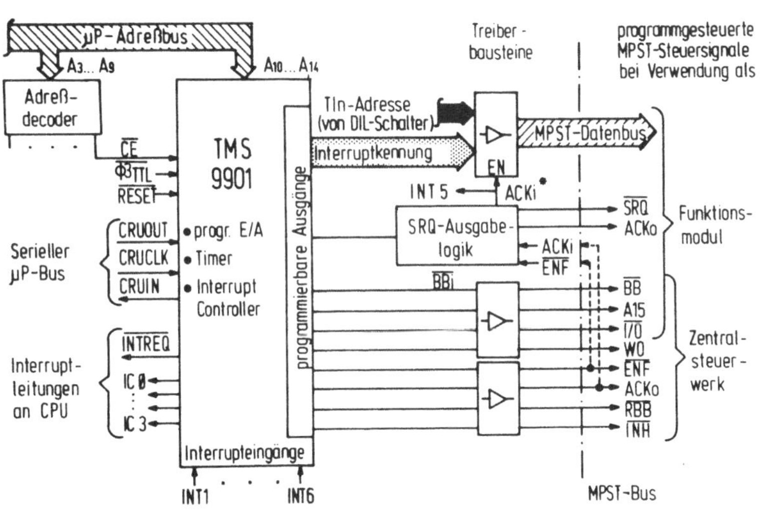

<u>Bild 4.11:</u> Blockschaltbild der Hardwareschnittstelle zur Ausgabe programmierter MPST-Steuersignale.

Das Blockschaltbild in Bild 4.11 zeigt die zusätzlich erforderliche Hardware zur Bereitstellung der MPST-Interrupt-

kennung bei Interruptausgabe an das Zentralsteuerwerk sowie
zur Ausgabe softwaremäßig erzeugter MPST-Steuersignale, die
der Mikroprozessorbus nicht anbietet.
Das programmierbare Signal $\overline{BB}$i dient zusätzlich zum Frei-
schalten und Verriegeln der in Bild 4.9 dargestellten MPST-
Busschnittstelle. Diese Maßnahme verhindert bei fehlerhafter
Software die unerlaubte Adressierung globaler Adreßbereiche
oder die Blockierung des MPST-Busses.
Die Belegung der in Bild 4.11 angedeuteten Interrupteingänge
INT 1 bis INT 6 wird nach Bild 4.12 in Abhängigkeit von der
Verwendung des Prozessormoduls als Zentralsteuerwerk (ZST)
oder Teilnehmer (Tln) durchgeführt.

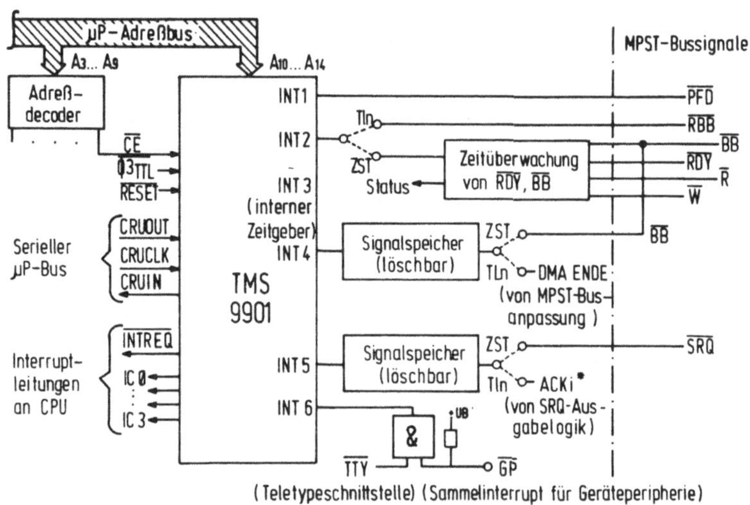

(Teletypeschnittstelle) (Sammelinterrupt für Geräteperipherie)

Bild 4.12: Belegung der Interrupteingänge des programmierbaren Schnittstellenbausteins TMS 9901.

Die schnelle, interruptgesteuerte Programmumschaltung des
Mikroprozessors kann somit genutzt werden zur softwaremäßigen
Unterstützung

- der Systemüberwachung:
    - Erkennung des Spannungsausfalls ($\overline{\text{PFD}}$),
    - Zeitüberwachung von RDY und $\overline{\text{BB}}$ bei MPST-Bustransfer-
      zyklen,
- der Zeitverwaltung (CLOCK-Interrupt):
    - Steuerung zyklischer Funktionen,
    - Zeitüberwachung von Funktionen,
- der Kommunikation Zentralsteuerwerk-Teilnehmer:
    ($\overline{\text{SRQ}}$ und ACKi*; ACKi* kennzeichnet das Abholen einer
    Interruptkennung durch das Zentralsteuerwerk),
- der MPST-Busverwaltung:
    - "Bus belegt" - Erkennung ($\overline{\text{BB}}$),
    - Blocktransferunterbrechung ($\overline{\text{RBB}}$),
- der Teilnehmer-Teilnehmer Kommunikation:
    (DMA ENDE-Interrupt bei Einträgen),
- des Datenverkehrs mit peripheren Geräten (Sammelinterrupt).

Die jeweiligen Interruptantwortroutinen lassen sich in Um-
fang und Priorität so anpassen, daß kurze Reaktionszeiten
erreicht werden.

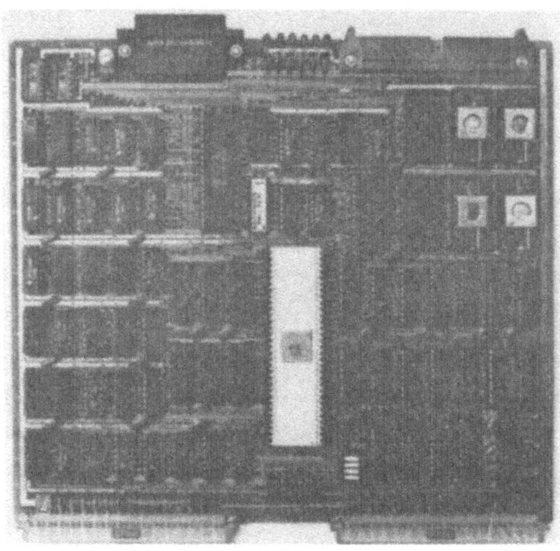

Bild 4.13:   16-bit MPST-Mikroprozessormodul (ISW).

Bild 4.13 zeigt die aufgebaute Mikroprozessorkarte. Die
wichtigsten in ihr enthaltenen Baugruppen sind:

- 16-bit Mikroprozessor TMS 9900 mit 4-Phasen-Taktgenerator,
- Unterbrechungssteuerung mit 6 belegten Interrupteingängen,
- 2 programmierbare Relativzeitgeber,
- $\leq$ 24 k byte Festwertspeicher,
- 4 k byte Schreib-/Lesespeicher, davon 2 k byte Datenübergabespeicher,
- bidirektionale MPST-Busschnittstelle,
- serielle Schnittstelle für Peripheriegeräteanschluß,
- Flachkabelsteckverbindung zur Herausführung des seriellen
  und parallelen Mikroprozessorbusses.

Der entwickelte Mikroprozessormodul erfüllt die gestellten
Anforderungen und eignet sich als universeller MPST-Standard-
prozessorbaustein zur Hardwarekonfigurierung von MPST-Systemen. Die Leistungsfähigkeit und die Speicherkapazität ist
ausreichend zur Implementierung aller komplexen Funktionsblöcke entsprechend Abschnitt 3.3.
Mit Hilfe eines entwickelten Monitors mit Lade-, Editier- und
Testfunktionen wird die Prozessorkarte zusätzlich für Pro-
grammier- und Testplätze zur Entwicklung von Steuerungsfunktionen eingesetzt.

4.4 Das MPST-System als loser Mikrorechnerverbund

Die Hardwarekonfiguration eines MPST-Systems weist unter mehrfacher Verwendung des in Abschnitt 4.3 beschriebenen Mikroprozessormoduls die Blockstruktur in Bild 4.14 auf. Man erhält ein zunächst anwendungsunabhängiges System lose gekop-
pelter Mikrorechner, in dem jeder der n Prozessoren wahlfrei
mit den übrigen (n-1) über den globalen Datenübergabespeicher
kommunizieren kann. Die Prozessoren arbeiten asynchron und
voneinander unabhängig, solange sie getrennte Adreßräume be-
arbeiten. Die Datenverarbeitungsaufgaben, die sich auf den-

selben Adreßraum beziehen, müssen dagegen in eine sequentielle Folge gezwungen werden, selbst wenn sie in unterschiedlichen Prozessoren angesiedelt sind. Diese Aufgabe
fällt u. a. dem Betriebssystem zu, das die Vergabe von Be-
triebsmitteln in eindeutiger Weise zu regeln hat.

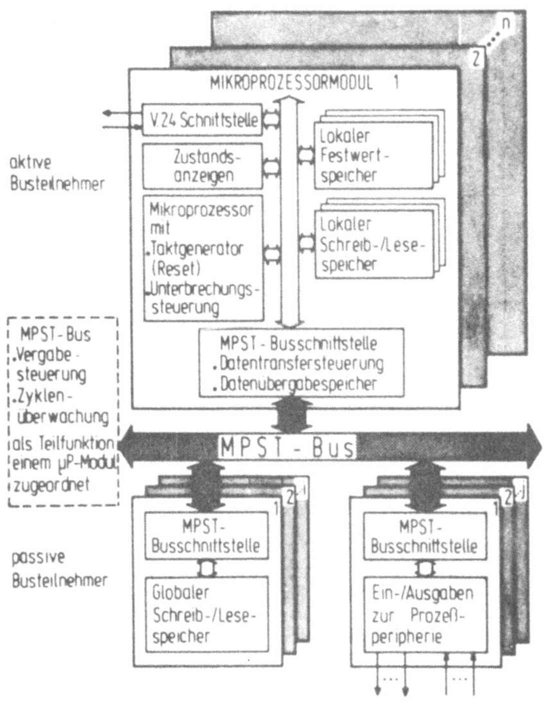

<u>Bild 4.14:</u>   Blockstruktur des modularen Mehrprozessorsteuer-
systems.

Eine Synchronisierung der Prozessoren während der Bearbeitung
ihrer Aufgaben ist nicht notwendig. Damit sind auch gegenseitige Blockierungen auf dieser Ebene ausgeschlossen.
Die Peripherie ist bei MPST-Systemen den Mikrorechnern fest
zugeordnet (vgl. Abschnitt 3.3). Da die E/A-Karten als pas-

sive MPST-Busteilnehmer ausgeführt sind, treten jedoch Zugriffskonflikte der Prozessoren bei der Busanforderung auf, die von der MPST-Busverwaltung im Zentralsteuerwerk gelöst werden müssen. Die auftretenden Wartezeiten auf Buszuteilung sind von den Programmlaufzeiten und der Zuteilungsstrategie im Zentralsteuerwerk abhängig.
Gute Eigenschaften bietet die Hardwarestruktur in Bild 4.14 bezüglich der Prozeßsicherheit und des Datenschutzes. Sicherungsmaßnahmen zum Schutz eines Prozessors vor fehlerhaften Eingriffen durch einen anderen sind nicht erforderlich. Die Vorgabe von begrenzten Adreßbereichen zur Datenübergabe in den Prozessormodulen beschränkt die Möglichkeit fehlerhafter Datenzugriffe und unterstützt das Prinzip der "aufgabengebundenen Kenntnis", d. h. es werden nur jene Informationen zur Verfügung gestellt, die zur Lösung der speziellen Aufgabe nötig sind.
Zur Erhöhung der Zuverlässigkeit der Datenübertragung und zur Begrenzung der Fehlerfortpflanzung lassen sich blockweise Informationssicherungen und abschnittweise Plausibilitätstests einsetzen.
Im Hinblick auf die Implementierung von Funktionsblöcken gemäß Abschnitt 3.3 werden die Mikrorechner zu Funktionsmodulen, deren gegenseitige Beeinflussung vom Grad der funktionellen Bindungen abhängt. Dies äußert sich in Softwareschnittstellen zur Übergabe organisatorischer und funktioneller Ein-/Ausgabedaten. Neben der Hardwarekompatibilität tritt somit auch die Forderung nach kompatiblen Softwareschnittstellen. Sie sind als Datenfelder mit einheitlichen Strukturen in den Übergabespeicherbereichen der Funktionsmodule anzusiedeln. Ergänzend muß das MPST-Betriebssystem die erforderlichen Zugriffsfunktionen bereitstellen.

5 Betriebssystem des modularen Mehrprozessorsteuersystems

5.1 Anforderungen an das MPST-Betriebssystem

Die Eigenschaften des Betriebssystems beeinflussen einerseits die Benutzerfreundlichkeit und andererseits die Effizienz der Arbeitsweise des MPST-Systems.
Die Benutzerfreundlichkeit spiegelt sich wieder in

- einfacher Anpassungsfähigkeit an unterschiedliche Systemkonfigurationen,
- der autonomen Arbeitsweise der Funktionsmodule z. B. für
  getrennte Inbetriebnahme, separaten Test oder Wartung,
- einfacher Änderbarkeit der Funktionen in den Funktionsmodulen zur optimalen Anpassung an Sondermaschinen,
- Kompatibilität von Funktionsmodulen unterschiedlicher Hersteller.

In bezug auf die effiziente Arbeitsweise sind zu fordern:

- gute Echtzeiteigenschaften,
- geringe Verlustleistung der Prozessoren durch Verwaltung
  und Organisation,
- gute Softwarestabilität, geringe Fehleranfälligkeit und
  frühzeitige Fehlererkennung,
- effiziente Betriebsmittelverwaltung,
- blockierungsfreier Betrieb der Funktionsmodule.

Diese Forderungen bedeuten, daß die universellen Fähigkeiten
eines kommerziellen Standardbetriebssystems nicht verlangt
werden. Das MPST-Betriebssystem muß jedoch durch eine hierarchische Mehrebenenstruktur die Modularität des Gerätesystems unterstützen und gleichzeitig die Merkmale eines Echtzeitbetriebssystems in sich vereinigen. Außerdem darf es zu
keinen nachhaltigen Eigenschaften führen, daß das MPST-System
große und kleine Versionen zuläßt.

5.2 Struktur des MPST-Betriebssystems

Bisher wurde bei speicherprogrammierten Steuerungen (CNC) die
Gesamtheit der Softwarebausteine zur Ausführung der Steuerungsfunktionen als "CNC-Systemprogramm" bezeichnet /31/. Es
ist im allgemeinen für den Anwender nicht zugänglich.
Für den Entwickler eines MPST-Systems ist es jedoch hilfreich,
in Anlehnung an die Begriffsdefinitionen für Prozeßrechnersy-
steme /22, 35/ das MPST-Systemprogramm in das MPST-Betriebssystem und das MPST-Anwenderprogrammsystem aufzuteilen. Das
MPST-Betriebssystem umfaßt somit die Programme, die in Verbindung mit den Eigenschaften des Rechnersystems die Abwicklung von Anwenderprogrammen steuern und überwachen. Das An-
wenderprogrammsystem dient zur Durchführung der vom Anwender
des Rechnersystems gestellten Automatisierungsaufgaben. Die
Anwenderprogramme - nicht zu verwechseln mit Werkstückpro-
grammen - sind die in Abschnitt 3.1 definierten NC-Funktionen der Funktionsblöcke.

5.2.1 MPST-Betriebssystemfunktionen

In Abhängigkeit von dem konstruktiven Aufbau der MPST-Hard-
ware und den zu realisierenden Betriebsarten des Steuerungssystems können die erforderlichen MPST-Betriebssystemfunk-
tionen in zwei Gruppen gegliedert werden (Bild 5.1).

Die hardwarespezifischen Betriebssystemfunktionen sind Ver-
waltungsfunktionen für die Betriebsmittel MPST-Bus und MPST-
Interruptsystem sowie von Anwenderprogrammen abrufbare Trei-
berprogramme für die Bedienung der Peripheriegeräte und der
MPST-Busschnittstelle, die wie eine Geräteschnittstelle be-
handelt wird. Der Anwender benötigt somit keine detaillierten
Kenntnisse der Schnittstellenhardware. Er kann diese Systemdienste über parametrierte Betriebssytemaufrufe für die Anwenderprogramme in Anspruch nehmen.

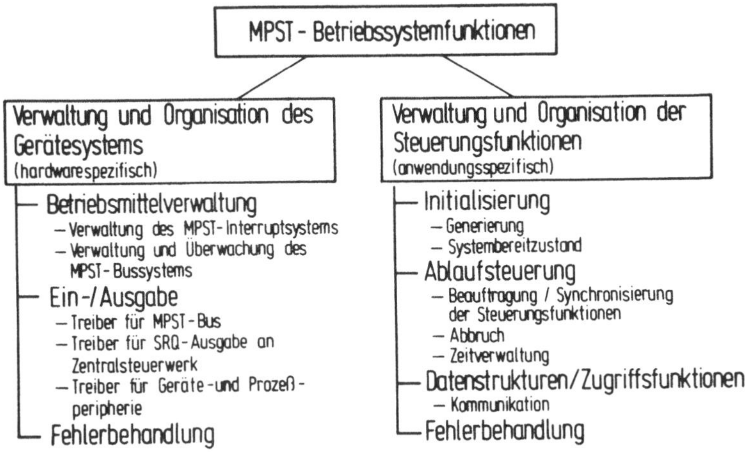

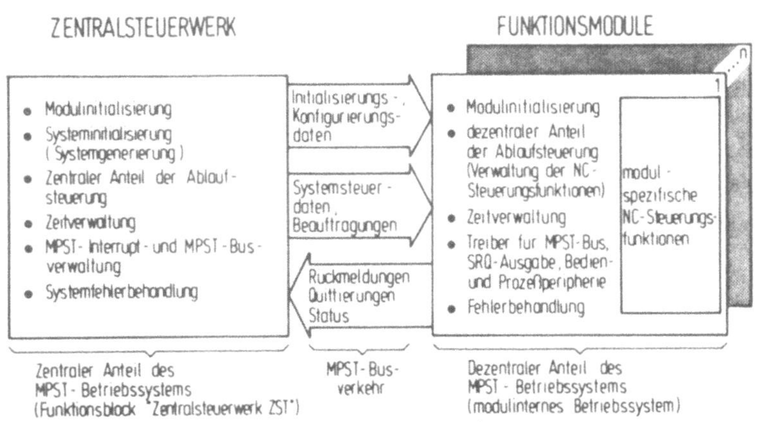

Bild 5.1: Betriebssystemfunktionen des Mehrprozessorsteuer-systems /2/.

Die anwendungsspezifischen Betriebssystemfunktionen dienen zur Organisation und Koordinierung des regulären Betriebs-ablaufes der NC-Steuerungsfunktionen. Die Initialisierungs-

Bild 5.2: Verteiltes MPST-Betriebssystem.

programme stellen nach dem Einschalten den regulären Betriebszustand her (Kaltstart). Die Ablaufsteuerung realisiert die
Logik zur folgerichtigen Beauftragung von Verwaltungspro-
grammen und NC-Funktionen. Die Beauftragungen erfolgen unter
Verwendung von Betriebssystemfunktionen und Datenstrukturen
für die Kommunikation.
Bild 5.2 gibt die Verteilung der Betriebssystemfunktionen
auf die MPST-Prozessormodule wieder.
Der zentrale Anteil des MPST-Betriebssystems im Funktionsblock Zentralsteuerwerk (ZST) dient zur Verknüpfung der Systemkomponenten und als Bindemittel zwischen den Funktionsblöcken. Der dezentrale Anteil verteilt sich auf die Modul-
betriebssysteme und verwaltet die internen Funktionsabläufe,
die sich im Kontrollbereich der Funktionsblöcke bewegen.
Die vorgenommene Konfiguration läßt sich als verteiltes Zen-
tralsystem beschreiben, da die Systemvereinbarungen und Kon-
ventionen für alle auf die MPST-Komponenten verteilten Betriebssystemfunktionen gemeinsam und mit gegenseitigem Bezug
erstellt werden /36, 37/.

5.2.2 Programmebenen

Für die Aufgaben eines Prozessormoduls bietet sich die Verteilung auf hierarchische Programmebenen an (Bild 5.3). Diese
Ebeneneinteilung eignet sich zur Anpassung an die Interrupt-
strukturen gängiger Mikroprozessoren.
In der Funktionsausführungsebene bearbeitet der Prozessor
die funktionsspezifischen Programme (Tasks) des implementierten Funktionsblocks (vgl. Abschnitt 3.1). Diese Ebene
wird verlassen, wenn durch externe Ereignismeldungen (Interrupts) oder nach internen Ereignissen im Rechenprozeß (Be-
triebssystemaufrufe) eine Fortsetzung in der Betriebssystem-
ebene notwendig wird.
Ereignismeldungen lösen einen Sprung in die Unterbrechungsebene (Interruptebene) aus. Als Primärreaktion findet eine
Identifizierung der Meldung und bei hoher Dringlichkeit eine

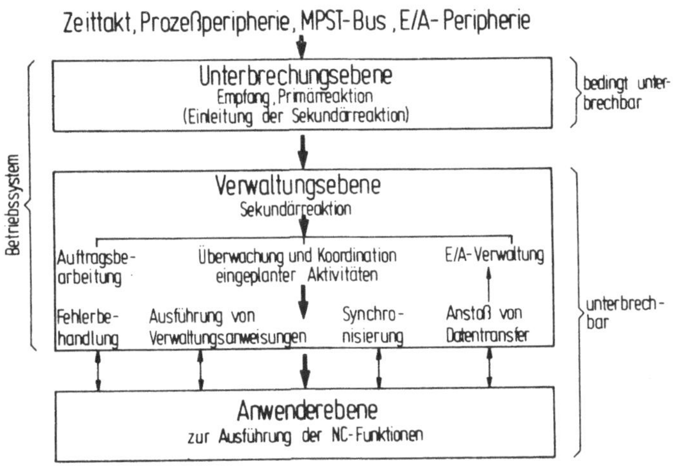

Bild 5.3: Ebenen der Programmstruktur in MPST-Mikro-
prozessormodulen.

sofortige Auswertung statt. Während der primären Reaktion
ist der Prozessor nur bedingt durch höherpriore Interrupts
unterbrechbar.
Falls für eine Meldung weitere Maßnahmen eingeplant sind,
werden sie der Verwaltungsebene übertragen. Dies kann zum
Zustandswechsel einer oder mehrerer Tasks führen und einen
Taskwechsel in der Anwenderprogrammebene auslösen. Die Verwaltungsebene muß dazu die erforderlichen Funktionen zur
Durchführung des prioritätsgesteuerten Mehrprogrammbetriebs
(Multitasking) bereitstellen /38, 39, 40/.
In der Struktur des Programmaufbaus läßt sich die Verwaltungsebene für alle Prozessoren identisch gestalten. Die Verwal-
tungsfunktionen und Basissystemdienste können in einem all-
gemeingültigen Modulbetriebssystem mit definierten Schnittstellen zur Anwenderprogrammebene zusammengefaßt werden.

5.2.3 Entscheidungsebenen

Die Einführung der beauftragbaren Funktion (BF) als aktivierbare Task in Funktionsblöcken bestimmt neben dem funktionellen Entwurf auch die Form der Ablaufsteuerung des MPST-
Systems. Durch die räumliche Trennung von Funktionsblöcken
in Prozessormodulen erhält man Entscheidungsebenen zur Festlegung des funktionellen Fortgangs (Bild 5.4).

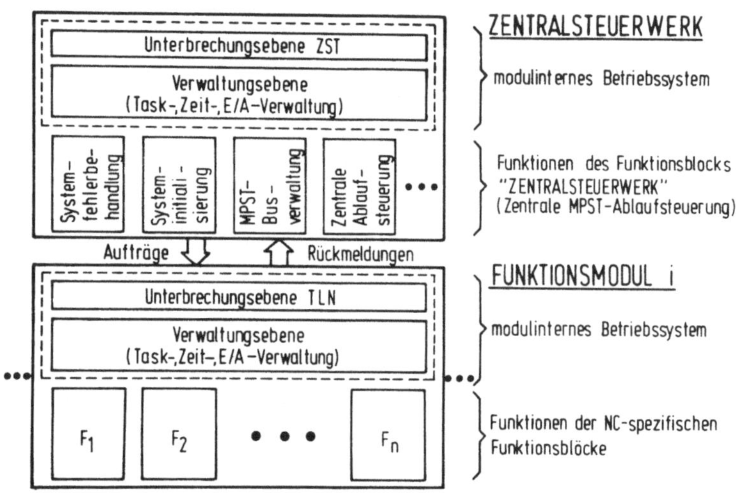

Bild 5.4: Ebenenstruktur im MPST-System.

Die Tasks der Anwenderebene im Zentralsteuerwerk sind die Trä-
ger der zentralen Ablaufsteuerung des MPST-Systems. Sie stellen die oberste Instanz zur Festlegung der Steuerungsabläufe
dar. Eine weitere Entscheidungsebene bilden die Modulbetriebs-
systeme. Sie realisieren den quasisimultanen Lauf der beauftragbaren Funktionen (Tasks) nach den Anforderungen der an-
stehenden Aufträge und steuern die Auswahl einzubindender NC-
Funktionen zur Ausführung eines Auftrags.
Zusätzlich bietet sich die Verlagerung von Teilentscheidungen
über den Fortgang des Betriebsablaufs vom Zentralsteuerwerk
in Funktionsmodule an. Dies bedeutet Dezentralisierung eines

Teiles der MPST-Ablaufsteuerung durch dezentrale Weiterbeauftragung von Tasks im eigenen oder einem benachbarten Funktionsmodul. Das Modulbetriebssystem muß hierfür den Anwenderprogrammen Aufruffunktionen mit Parameterzuweisungen anbieten
und die Beauftragungsprozeduren in eigener Regie durchführen.

5.3 Die MPST-Ablaufsteuerung

5.3.1 Arbeitsweise des MPST-Systems

Die Zusammenhänge der MPST-Ablaufsteuerung für beauftragbare
Funktionen (BF) lassen sich für das MPST-System am anschau-

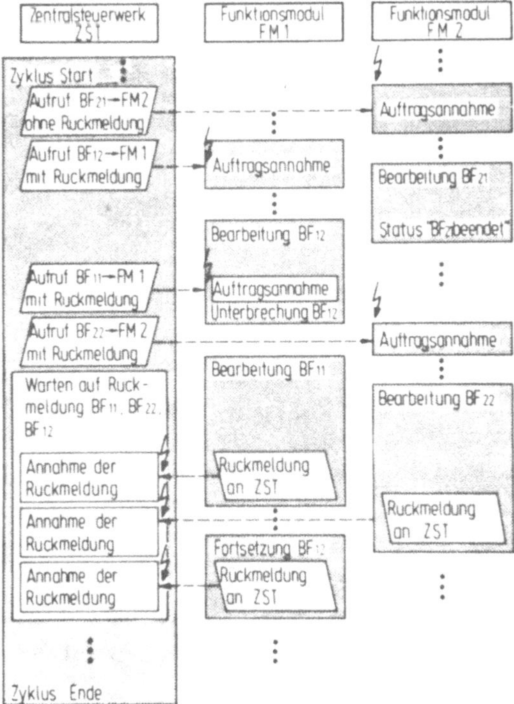

<u>Bild 5.5:</u> Prinzip der Auftragssteuerung im Zentralsteuer-
        werk (ZST).

lichsten mit einer zentralen Master-Slave-Organisation darstellen. Das Zentralsteuerwerk (ZST) übernimmt die Rolle des
Masters und delegiert in Abhängigkeit von der aktuellen Betriebsart, dem Betriebszustand und von Bedienungsanweisungen
BF-Aufträge an die Funktionsmodule. Diese arbeiten als Slaves,
nehmen Aufträge entgegen und quittieren die Ausführung an das
ZST zurück. Bild 5.5 zeigt das Prinzip der Auftragssteuerung
im ZST.

Über Bedienungsanweisungen von der Bedientafel werden im ZST
festgelegte BF-Folgen aktiviert. Die zentrale Ablaufsteuerung
verwaltet diese BF-Folgen in Steuertabellen und delegiert
bei erfüllten Startbedingungen die Bearbeitungsaufträge an
die Funktionsmodule.

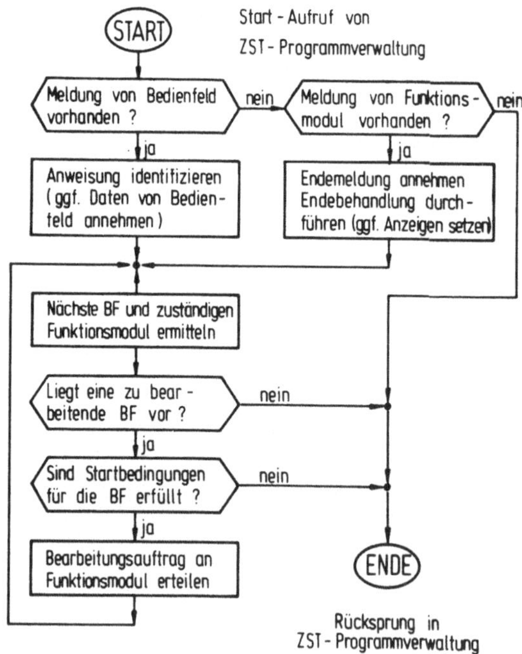

<u>Bild 5.6</u>: Prinzip der Auftragserteilung bei zentraler
Organisation.

Delegierte Aufträge werden in einer Buchführung für die zeitliche Überwachung, spätere Synchronisierung und richtige Zuordnung von eintreffenden Rückmeldungen festgehalten.
Bild 5.6 veranschaulicht die Arbeitsweise des ZST anhand eines schematisierten Ablaufs.

5.3.2 Varianten der Ablaufsteuerung

Bei dem Entwurf der Ablaufsteuerung lassen sich hinsichtlich der Aufteilung und anteilmäßigen Zuordnung organisatorischer Aufgaben auf die Prozessormodule drei Varianten unterscheiden (Bild 5.7).

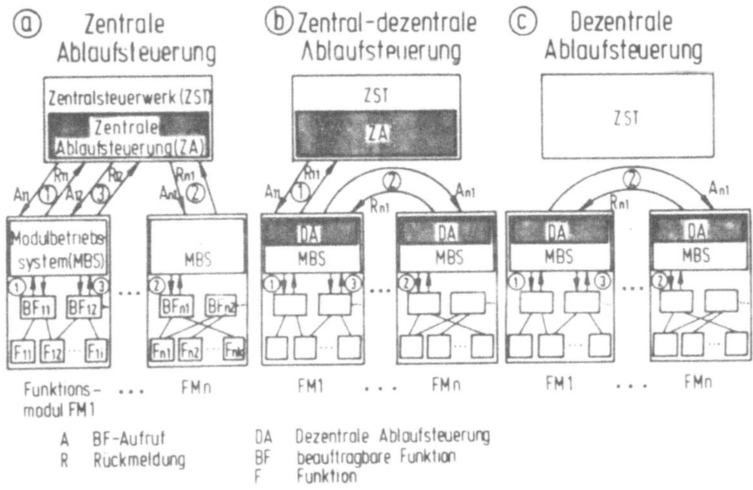

Bild 5.7: Varianten zur Verteilung der Ablaufsteuerung auf Prozessoren.

Bei Variante a befindet sich die Ablaufsteuerung vollständig im ZST und arbeitet nach dem Master-Slave-Modus (vgl. Abschnitt 5.3.1). Das ZST ist alleiniger Auftraggeber und Empfänger von Rückmeldungen. Es muß schnell genug arbeiten, um die Funktionsmodule beschäftigt zu halten und um Leerlaufzeiten zu vermeiden.

Die zentrale Ablaufsteuerung ist die einfachste Organisationsform für den Entwurf und den Test eines MPST-Systems. BF-Folgen können schrittweise durchlaufen und durch abschnittweise
Plausibilitätskontrollen überprüft werden. Änderungen in der
Systemkonfiguration oder in BF-Ablauffolgen werden im ZST
aufgefangen, ohne weitere Funktionsmodule zu berühren.
Schwerwiegenden Fehlern des ZST ist jedoch das gesamte System unterworfen.

Die Mischform der Variante b zeigt eine auf alle Prozessoren
verteilte Ablaufsteuerung. Die Initiative zum Anstoß von Aktivitäten im MPST-System liegt weiterhin beim ZST. Über die dezentralen Anteile der Ablaufsteuerung in den Funktionsmodulen
lassen sich BF-Auftragsketten fortsetzen. Die letzte Rückmeldung schließt die Kette bei dem ZST wieder ab (Bild 5.8).

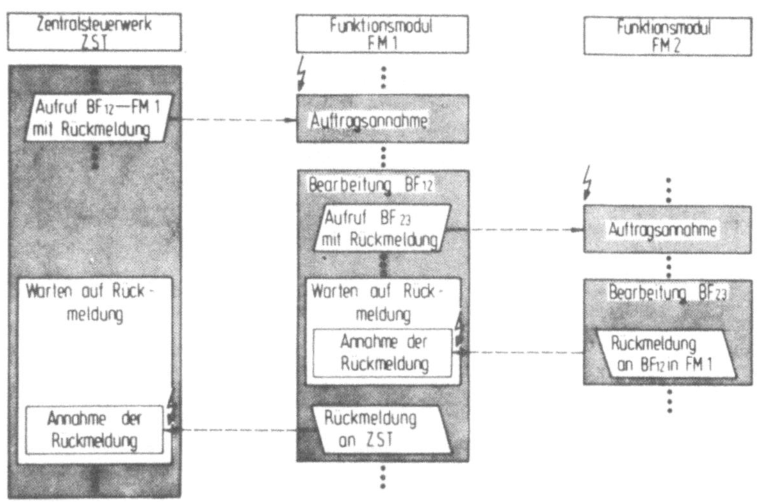

<u>Bild 5.8:</u> Beispiel einer gemischten zentralen und dezentra-
len Auftragserteilung.

Die dezentrale Ablaufsteuerung der Variante c ist die effek-
tivste Organisationsform für ein MPST-System. Sie stellt je-

doch größere Anforderungen in bezug auf Systemvereinbarungen
und Steuertabellen, die in allen Funktionsmodulen zu führen
und im Betrieb ständig zu aktualisieren sind.
Der Anstoß von BF-Ketten erfolgt in den Funktionsmodulen
durch periphere Ereignismeldungen. Die letzte Rückmeldung
geht stets an den initiierenden Funktionsmodul zurück, der
für diese BF-Kette die Masterfunktion ausübt.
Im Vergleich zu anderen Organisationsformen erweist sich der
Systemtest als schwieriger, da sich keine gleichbleibende
Hierarchie der Funktionsmodule durch die unterschiedlichen
Baumstrukturen der BF-Folgen erreichen läßt. Änderungen im
Steuerungssystem erfordern im ungünstigsten Fall Eingriffe in
die Ablaufsteuerung mehrerer Funktionsmodule. Dies erschwert
insbesondere die Verwendbarkeit von Funktionsmodulen unter-
schiedlicher Hersteller.

Bewertung

Die verteilte Ablaufsteuerung der Variante b erweist sich
als vorteilhaft, da durch die Freiheitsgrade der Zen-
tralisierung bzw. Dezentralisierung die Eigenschaften der
Organisationsformen in einem gewünschten Rahmen gezielt
nutzbar sind. Dies wirkt sich vor allem günstig bei der
Verteilung eines Funktionsblocks auf mehrere Prozessormodule aus.

5.3.3 Konzept der verteilten MPST-Ablaufsteuerung

Nach dem Konzept der verteilten Ablaufsteuerung (vgl. Abschnitt 5.3.2) kann ein Steuerungsschema mit folgenden Eigenschaften festgelegt werden:

- Mehrere Aktionen (BF-Folgen) sind in einer Betriebsart
  im Zentralsteuerwerk (ZST) parallel aktivierbar.
- Für jede BF des MPST-Systems kann bei der Systeminitialisierung über das ZST eine Folge-BF zur dezentralen Weiterbeauftragung festgelegt werden.

- gleichzeitig aktivierbare BF-Folgen lassen sich über-
deckungsfrei auf den Funktionsmodulen abbilden.

Die Festlegung von BF-Folgen kann nach dem bekannten Prinzip linear geketteter Auftragslisten vorgenommen werden
(Bild 5.9). Sie stehen als Steuertabellen der Ablaufsteuerung zur folgerichtigen Beauftragung zur Verfügung.

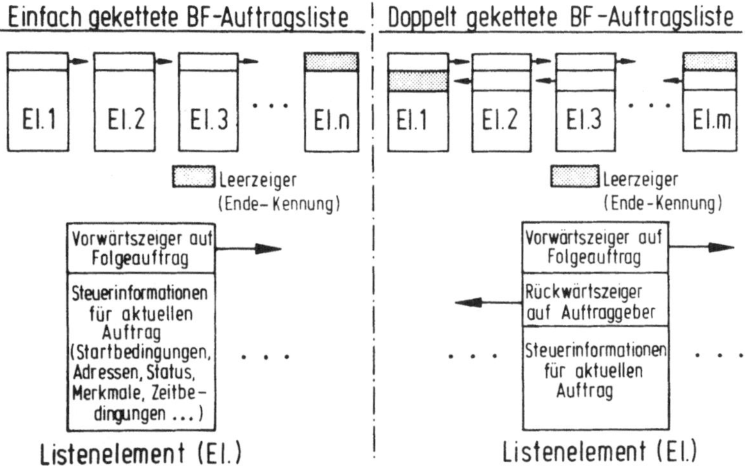

<u>Bild 5.9:</u>   Lineare Listenstrukturen zur Auftragssteuerung.

Die zentrale Ablaufsteuerung im ZST arbeitet mit einfach geketteten BF-Auftragslisten. Jedes Listenelement enthält für
die Beauftragung BF-spezifische Steuerinformationen sowie
einen Zeiger auf die nächste zu aktivierende BF.
Für die dezentrale Weiterbeauftragung in den Funktionsmodulen
werden die Listenelemente doppelt gekettet. Jeder BF ist ein
Listenelement zugeordnet. Bei eingetragenem Vorwärtszeiger
ist eine nachfolgende BF zu beauftragen. Ein vorhandener
Rückwärtszeiger bedeutet, daß die Rückmeldung nicht an das
ZST, sondern an die beauftragende BF zu richten ist.
Da jeder BF nur ein Listenelement zugeordnet wird, sind keine

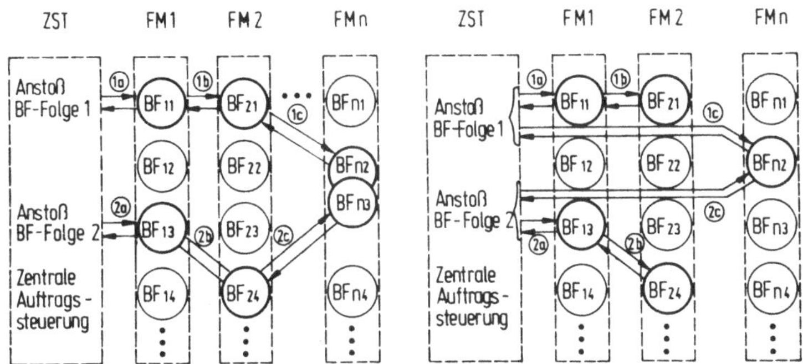

Bild 5.10: Möglichkeiten zur Bildung überschneidungsfreier BF-Folgen.

Verzweigungen in BF-Ketten möglich. Entsprechend Bild 5.10 muß eine BF, wenn sie Bestandteil zweier gleichzeitig ablauffähiger BF-Folgen ist, entweder doppelt ausgeführt sein (Fall a) oder die BF-Folge ist aufzubrechen und die betrachtete BF muß vom ZST sequentiell beauftragt werden (Fall b).

Die Verzeigerung kann bei der Modulinitialisierung vorbesetzt und bei der Systeminitialisierung durch das ZST endgültig festgelegt werden. Die Entscheidungen zur Konfigurierung der BF-Kettenstrukturen werden somit beim Systementwurf getroffen. Dem Anwender ist dadurch freigestellt, welchen Grad der Dezentralisierung er im MPST-System zuläßt.

5.3.4 Datenstrukturen der MPST-Ablaufsteuerung

Unter Datenstrukturen versteht man allgemein in Struktur und Inhalt festgelegte Datenfelder. Sie bilden die Grundlage für

die Zugriffsfunktionen und die Handhabung der Informationsschnittstellen.

Die Analogie der Anforderungen bei Echtzeitbetriebssystemen
erlaubt bei der Wahl der Datenstrukturen für die MPST-Ablaufsteuerung eine Anlehnung an das PEARL-Betriebssystem
/41/ (Bild 5.11). Diese Datenstrukturen bestimmen modulin-
tern das Arbeitsprinzip der Ablaufsteuerung und extern den
Beauftragungs- und Quittierungsmodus zwischen Mikroprozessormodulen. Die Pfeile in Bild 5.11 kennzeichnen den Informationsfluß der Verwaltungsdaten.

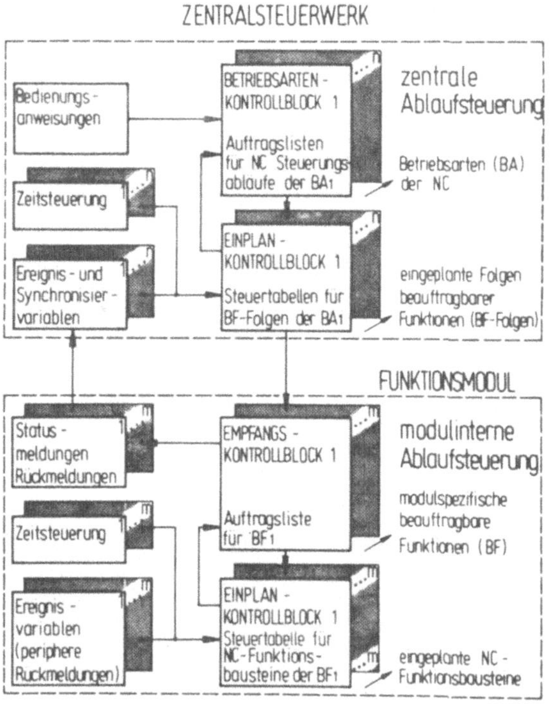

Bild 5.11: Datenstrukturen zur Realisierung der Ablauf-
            steuerung.

Kontrollblockstrukturen im Zentralsteuerwerk (ZST)

Die Kontrollblockstrukturen des ZST bilden das Datenmodell für
den Entwurf des MPST-Systems. Bedienfunktionen, Verarbeitungsfunktionen, Systemeigenschaften und -merkmale lassen sich
über Verarbeitungsparameter erfassen. Wählt man eine Ablaufsteuerung, die nach dem Prinzip von PC-Sprachen oder inter-
pretativen Sprachen arbeitet, erhält man ein listen- bzw.
tabellengesteuertes System /40/. Es bietet die Vorzüge der
einfachen Programmierung und der sukzessiven Erweiterbarkeit
beim Systemausbau. Auskunftsfunktionen im Bediensystem erlauben Zugriffe auf alle wichtigen Listen und geben direkten
Einblick in den Systemzustand.

Zur schrittweisen Bearbeitung der Kontrollblockstrukturen für
die MPST-Ablaufsteuerung im ZST bietet sich eine Ausführung
in drei getrennten, von der Zeitverwaltung zyklisch zu star-
tenden Programmen an (Bild 5.12).

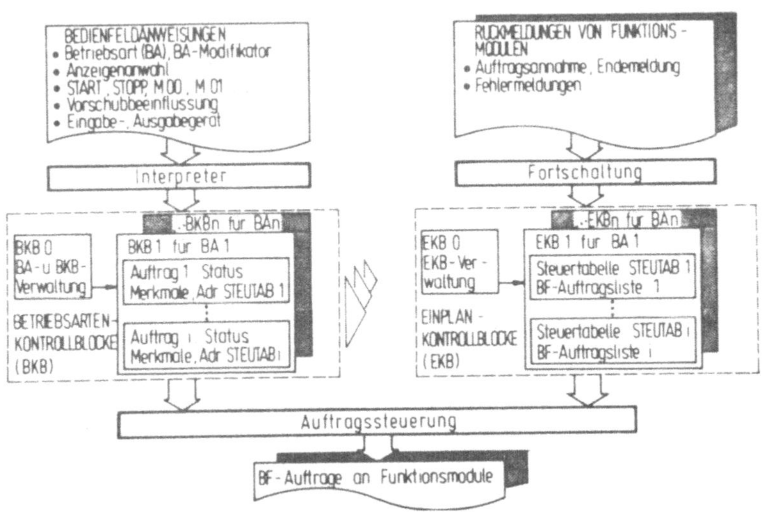

Bild 5.12: Prinzip der MPST-Ablaufsteuerung im
            Zentralsteuerwerk (ZST).

Der <u>Interpreter</u> verarbeitet die Bedienfeldanweisungen und erzeugt Aufträge in dem Betriebsartenkontrollblock der momentan
eingestellten Betriebsart.
Die <u>Auftragssteuerung</u> arbeitet die linear geketteten BF-Folgen der auftragsbezogenen Steuertabellen ab und erteilt nach
vorgegebenen Startbedingungen BF-Aufrufe an die Funktionsmodule.
Die <u>Fortschaltung</u> kennzeichnet in den Steuertabellen Meldungen der Funktionsmodule über Auftragsannahmen und BF-Aus-
führungen.

Kontrollblockstrukturen im Funktionsmodul

Der MPST-Ablaufsteuerung muß die Erteilung und Überwachung
von Aufträgen ermöglicht werden. Dem Modulbetriebssystem und
den BF's wird dazu je ein in Struktur und Bedeutung einheitlich festgelegter Empfangskontrollblock zugeordnet (vgl.
Bild 5.11).
Es handelt sich hierbei um Tabellen, welche alle interessie-
renden Parameter für die Festlegung der auszuführenden Aufgaben und zur Anzeige der Ausführungsergebnisse enthalten.
Über den Empfangskontrollblock KBO werden auf den Funktionsblock bezogene Verwaltungsdaten ausgetauscht. In den Empfangskontrollblöcken KBi (i>0) erfolgt die Übergabe funktions-
spezifischer Verwaltungsdaten, Funktionsparameter, Adreßver-
weise auf Eingabe- und Ausgabedatenfelder sowie Statusinfor-
mationen der zugehörigen BF's.
Bild 5.13 zeigt das Prinzip der Weiterverarbeitung der Kontrollblockstrukturen in den Funktionsmodulen durch die Programme der Ablaufsteuerung des Modulbetriebssystems.
Aus Gründen der Verträglichkeit von MPST-Modulen sind die
Datenstrukturen an den Modulschnittstellen durch Systemvereinbarungen festzuschreiben. Interne Datenstrukturen sind
hingegen frei wählbar.
Festzulegen sind insofern die Empfangskontrollblöcke, die
MPST-Interruptvektoren für Meldungen an das ZST und die In-
terruptquittierungsworte.

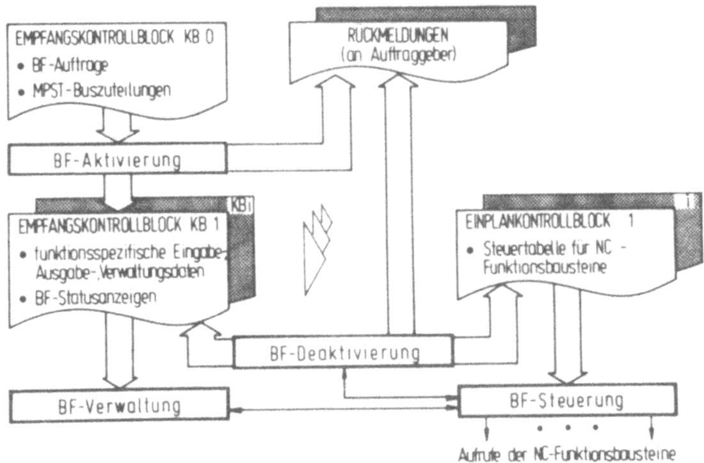

Bild 5.13: Prinzip der Ablaufsteuerung in Funktionsmodulen.

Die Kommunikation zwischen den Systemteilnehmern erfordert zusätzliche Vereinbarungen über die Vergabe der Teilnehmeradressen und von Funktionsblocknamen (IDENT-Nummern) zur Identifizierung der Funktionsmodule /44, 45/.

5.4 Festlegung der Initialisierungsschritte

Allgemein muß beim Start eines Rechnersystems durch Initialisierungsroutinen ein definierter Ausgangszustand aller beteiligten Software- und Hardwareteile hergestellt werden. Die Eigenständigkeit der Funktionsmodule in einem lose gekoppelten MPST-System erfordert eine Initialisierung in zwei Phasen.

Modulinitialisierung

Durch die Softwareebenen der Funktionsmodule (vgl. Abschnitt 5.2.5) verlangt die modulinterne Initialisierung einen Standardteil für das Modulbetriebssystem und einen Anwenderteil. Der Standardteil normiert die Zustandsdaten der Systemprogramme und die programmierbaren Baugruppen des Mikroprozessorsystems. Im Anschluß ist der Anwenderteil anzustoßen, der als Urtask entsprechend die Anwenderprogramme normiert. Der Bereitzustand nach der Initialisierung muß über Interrupt (Statusmeldung) an das Zentralsteuerwerk (ZST) gemeldet werden.

Systeminitialisierung

Die Systeminitialisierung läuft nach der Modulinitialisierung als Task in der Anwenderebene des ZST (vgl. Abschnitt 5.2.3) ab und dient zunächst zur zentralen Erfassung des Bereitzustandes der Funktionsmodule. Bereitmeldungen, die nach einem in der Software programmierten Zeitlimit eintreffen, können nicht mehr akzeptiert werden und führen zum Abbruch. Da das ZST zu diesem Zeitpunkt die MPST-Systemkonfiguration noch nicht kennt, ist eine Überprüfung der Systemteilnehmer notwendig. Mit der Statusmeldung erhält das ZST im Interruptvektor die physikalisch eingestellte Teilnehmeradresse der Funktionsmodule. Damit wird dem ZST der Zugriff auf die modul-

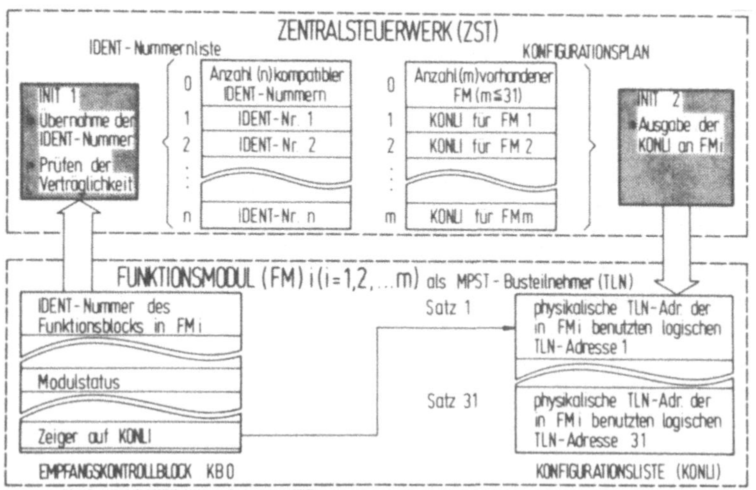

<u>Bild 5.14:</u> Datenstruktur zur Adressenfestlegung bei der Systemkonfigurierung (Initialisierungsphase).

spezifischen Verwaltungsdaten im Empfangskontrollblock KBO
ermöglicht, um die relevanten Daten Modulstatus, IDENT-Num-
mer des implementierten Funktionsblocks und Adreßzeiger auf
die Konfigurationsliste (KONLI) zu übernehmen (Bild 5.14).
Mit diesen Angaben prüft das ZST die Kompatibilität der
Funktionsblöcke und die richtige Adreßeinstellung auf den
Teilnehmerkarten.
Der nächste Schritt besteht in der Verteilung der physikalischen Teilnehmeradressen auf die Konfigurationslisten in
den Funktionsmodulen. Da in der Funktionssoftware zur Adressierung von Busteilnehmern logische Teilnehmeradressen ver-
wendet werden, dient die Konfigurationsliste zur Adreßtrans-
formation auf die einstellbaren, physikalischen Teilnehmeradressen. Das ZST füllt diese Adreßlisten nach einem Konfi-
gurationsplan, den der Anwender anhand der Modulbeschreibung
aus den Datenblättern erstellt.
Nach dem Abschluß der Initialisierung ist das MPST-System
betriebsbereit und das ZST kann die Funktionsmodule entsprechend den am Bedienfeld vorgegebenen Bedienungsanweisungen
beauftragen.

5.5 Eingliederung der MPST-Busverwaltung

Die MPST-Busverwaltung führt die Koordinierung der Anforderungen an das Betriebsmittel MPST-Bus durch. Sie beinhaltet
die Funktionen

- Registrierung und Decodierung der MPST-Busanforderungen
  von Funktionsmodulen und
- Zuteilung des MPST-Busses durch Quittierung der Busanforderungen über den modulspezifischen Empfangskontrollblock
  KBO.

Dies kann durch eine eigenständige MPST-Betriebssystemfunk-
tion, die unabhängig von der zentralen Ablaufsteuerung als
Task im Zentralsteuerwerk (ZST) abläuft, erfolgen (vgl.
Bild 5.4).

Bei Busanforderungen ist durch das geschleifte MPST-Inter-
ruptsystem (daisy chain-Prinzip) eine hardwaremäßige Priorität durch den Steckplatz des Moduls im Rahmen gegeben. Als
einfachste Verwaltungsform könnte das bereits in der Hardware implementierte FIFO-Prinzip (First In - First Out) an-
gewandt werden. In Abhängigkeit von den zu verarbeitenden
Daten kann jedoch ein Modul zu einem Teilnehmer hoher oder
niedriger Priorität werden. Zur Kennzeichnung dieser Priorität sind im Interruptvektor für Busanforderung zwei binär
codierte Bitstellen vorgesehen /44/. Diese Unterscheidung
kann im ZST bei Mehrfachbusanforderungen nur über eine Warteschlangenverwaltung gelöst werden.
Das in Bild 5.15 dargestellte Buszuteilungsverfahren ist für
die vier möglichen Prioritätsstufen ausgelegt.

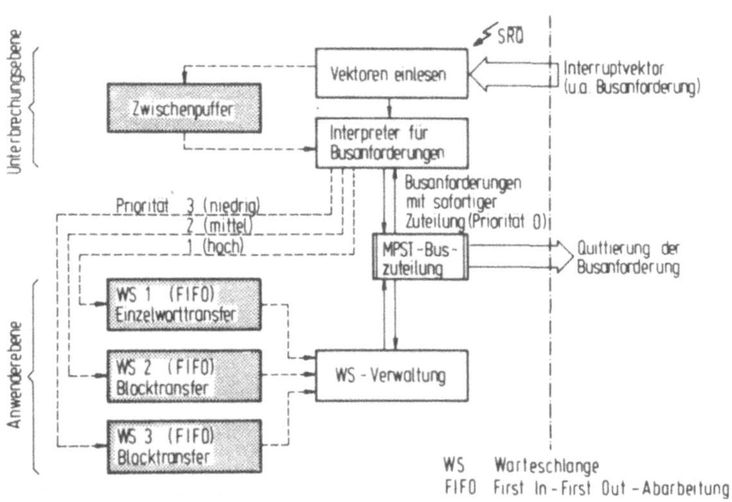

<u>Bild 5.15:</u>   Prinzip der MPST-Buszuteilung durch das
          Zentralsteuerwerk.

Busanforderungen mit der höchsten Priorität 0 werden direkt
vom Interruptantwortprogramm zugeteilt. Dadurch werden
schnelle Reaktionszeiten für die Buszugriffe der zeitkri-

tischen NC-Funktionen erreicht.

Busanforderungen der Prioritätsstufen 1 bis 3 werden über die Warteschlangenverwaltung zugeteilt. Durch den Vorrang der Einzelworttransfers (Priorität 1) vor Blocktransfers (Priorität 2 und 3) erniedrigt sich die mittlere Wartezeit aller Buszuteilungen auf ein Minimum.

Eine prioritätsgesteuerte Buszuteilung erfordert entweder die Limitierung von Datenblöcken oder eine Unterbrechbarkeit laufender Datentransfers. Die zweite Lösung ist insbesondere im Hinblick auf Hintergrundarbeiten zur Bewegung großer Datenmengen vorzuziehen.

Das ZST unterbricht einen laufenden MPST-Bustransfer durch Setzen des Steuersignals $\overline{RBB}$ (Rücksetzen Bus Belegt). Der sendende Teilnehmer geht daraufhin bezogen auf den MPST-Bus in den HALT-Zustand und gibt den Bus frei.

Das ZST veranlaßt die Bustransferunterbrechung

- zum Einlesen der Interruptvektoren über den MPST-Bus und
- zur schnellen Zuteilung höherpriorer Busanforderungen.

Ein unterbrochener Transfer wird erst nach erneuter Buszuteilung fortgesetzt. Das ZST wiederholt hierfür den Eintrag des Quittierungswortes im Empfangskontrollblock KBO des Funktionsmoduls.

Als komplementäre Funktionen der MPST-Busverwaltung sind

- die Busanforderung (Interruptausgabe an das ZST) sowie
- die Ein-/Ausgabetreiberroutine einschließlich der notwendigen Fehlerbehandlung und -überwachung in dem Modulbetriebssystem zu realisieren.

Sie sind zur Sicherstellung der störungsfreien Interaktionen der MPST-Busverwaltung in den Funktionsmodulen erforderlich.

5.6 Programmstrukturen in MPST-Mikroprozessormodulen

5.6.1 Programmstruktur des Zentralsteuerwerks

Bild 5.16 zeigt das Prinzip des Programmaufbaus im Zentralsteuerwerk (ZST) nach der in Abschnitt 5.2.2 beschriebenen
Mehrebenenstruktur.

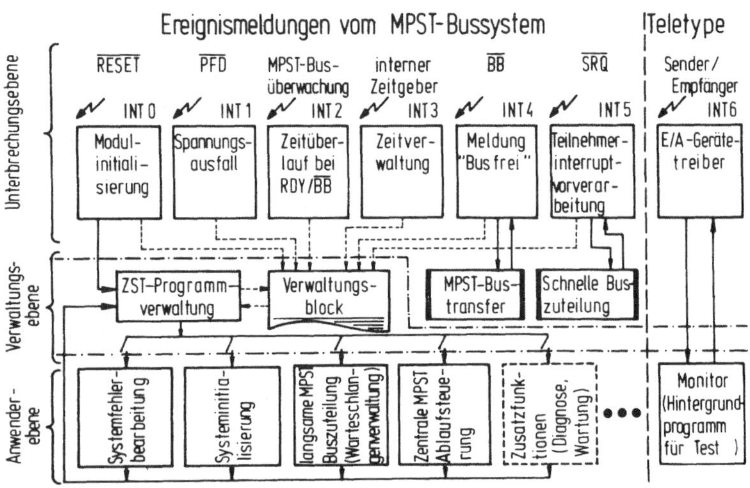

Bild 5.16: Programmstruktur des Zentralsteuerwerks (ZST).

Die Unterbrechungsebene realisiert die Interruptantwortroutinen für die in Abschnitt 3.2.3 dargestellte Belegung der
Interrupteingänge des ZST.
Das Interruptantwortprogramm INT 0 faßt in der Modulinitialisierung alle Funktionen zusammen, die nach dem Einschalten
(Kaltstart) des Steuerungssystems im ZST durchzuführen sind.
Dazu gehören die Vorbesetzung von Speicherzellen, die Normie-
rung der Geräteschnittstellen, der Start des Zeitgebers und
die Maskierung der Interrupteingänge. Vor dem Sprung in die

ZST-Programmverwaltung wird die Systeminitialisierung als Urtask im Verwaltungsblock in den Zustand BEREIT (lauffähig) ge-
setzt.
Die Programmverwaltung aktiviert die lauffähigen Programme
der Anwenderebene entsprechend ihrer geometrischen Priorität im Verwaltungsblock. Die Programme der Unterbrechungs-
und der Anwenderebene springen stets in die mehrfach wieder-
eintrittsfähige (reentrant) ZST-Programmverwaltung zurück.
Die Systeminitialisierung (vgl. Abschnitt 5.4), die zentrale
MPST-Ablaufsteuerung (vgl. Abschnitt 5.3.4) und die Systemfehlerbehandlung sind die Kernfunktionen der MPST-Betriebs-
organisation. Die Task Systemfehlerbehandlung wird bei Fehlermeldungen der Teilnehmer oder bei Fehlererkennung im ZST
mit höchster Priorität gestartet. Sie interpretiert die
Fehlerspezifikation des in Empfangskontrollblöcken der Teilnehmer oder im Verwaltungsblock des ZST hinterlegten Fehler-
wortes und beeinflußt den Programmablauf durch die Funktionen
Fehleranzeige, NC STOPP und bei schwerwiegenden Systemfehlern
NOT AUS.
Die MPST-Buszuteilung (vgl. Abschnitt 5.5) läuft als unab-
hängige Task, die prioritätsmäßig vor der Ablaufsteuerung
eingestuft ist, ab.
In der Anwenderebene des ZST lassen sich weitere Zusatzfunk-
tionen oder NC-Funktionen eines Funktionsblocks einbinden.
Es muß aber gewährleistet sein, daß die MPST-Betriebssystem-
funktionen des ZST privilegiert ablaufen, um die Reaktions-
schnelligkeit des Systems zu gewährleisten und eine Blockierung auszuschließen.

5.6.2 Programmstruktur der Funktionsmodule

Die Funktionsmodule besitzen dieselbe Programmstruktur wie
das ZST. Die Aufgaben des Modulbetriebssystems orientieren
sich an der Verwaltung der beauftragbaren Funktionen (BF)
und der verfügbaren Betriebsmittel wie Priorität, MPST-Bus

und Peripheriegeräte. Die eigentlichen Bewerber um diese Betriebsmittel sind die BF's (Tasks), denen bei der Beauftragung zunächst nur eine geometrische Priorität durch die Nummer des BF-spezifischen Empfangskontrollblocks zugeordnet ist. Bild 5.17 zeigt die gewählte Programmstruktur, die die erforderlichen Funktionen eines Echtzeitbetriebssystems und einfache Schnittstellen zur Anwenderprogrammebene aufweist.

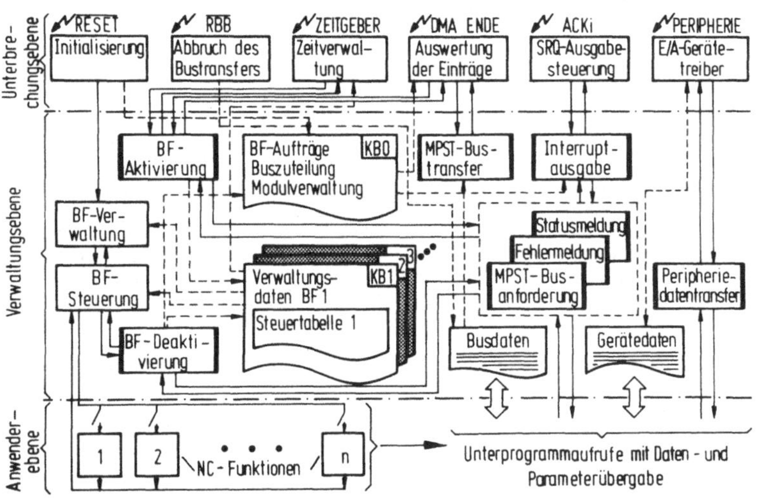

Bild 5.17:   Programmstruktur in Funktionsmodulen.

Die Unterbrechungsebene enthält entsprechend den peripheren Hardwarebaugruppen der Prozessormodule (vgl. Abschnitt 3.2.3) Interruptroutinen für die Modulinitialisierung, die Zeitverwaltung (Zeitraster 5 ms) und die Treiberroutinen zur Durchführung des E/A-Verkehrs.
Die Einträge in den im Datenübergabespeicher lokalisierten Empfangskontrollblock KBO werden von der DMA ENDE-Routine interpretiert. Eine Buszuteilung führt unmittelbar zum Anstoß des Unterprogramms MPST-Bustransfer, das entsprechend einem bereitgestellten Parameterblock den Datentransfer

steuert und die Ausführung an die wartende Task meldet. BF-
Aufträge werden über das Unterprogramm BF-Aktivierung in den
BF-spezifischen Empfangskontrollblöcken KBi (i>0) im Status-
wort vermerkt und an den externen Auftraggeber quittiert.

Die Verwaltungsebene steuert den Ablauf der BF's (Tasks). Die
Aktualisierung der BF-Zustände und die Suche nach der BF mit
höchster Dringlichkeit wird jedesmal vorgenommen, wenn Unterbrechungen durch die Zeitverwaltung oder durch Meldungen vom
MPST-Bus stattfinden. Zusätzlich stellt die Verwaltungsebene
für die Anwenderprogramme Systemdienste in Form von Unter-
programmen zur Anmeldung von Datentransferwünschen, Status-
oder Fehlermeldungen, die jeweils in Parameterfeldern spezifiziert werden, zur Verfügung.

Eine Liste mit Startadressen der NC-Funktionen und der Unterprogramme für die Systemaufrufe einschließlich der zu über-
gebenden Parameterfelder bilden die zwischen Betriebssystem
und Anwenderebene festzulegende Schnittstelle.

BF-Verwaltung und BF-Steuerung

Der Prozessor eines Funktionsmoduls muß in der Lage sein,
gleichzeitig mehrere BF's (Tasks) verwalten und steuern zu
können. Zudem benötigt das ZST zur Steuerung und Überwachung
des MPST-Systems Kenntnis über die Bearbeitungszustände von
erteilten Aufträgen. Das bedeutet, daß die BF's über ihre BF-
Zustände näher spezifiziert werden müssen.
Während für die modulinterne Verwaltung der speicherresidenten
BF's die Zustandsbeschreibungen RUHEND, TÄTIG, BLOCKIERT aus-
reichen, erfordert das Quittierungsverfahren an das ZST (Statusmeldung) weitere Zustandsanzeigen wie BEREIT, ABGEBROCHEN,
WARTEND, BEENDET. Dies führt zu dem in Bild 5.18 dargestellten
BF-Zustandsdiagramm. Die Steuerung erfolgt über die im Status-
wort der Empfangskontrollblöcke KBi eingetragenen BF-Zustände.
Ein Startauftrag führt die BF aus den Zuständen RUHEND, BEEN-
DET oder ABGEBROCHEN in den Zustand BEREIT (lauffähig) über.

Erhält die BF unter den lauffähigen oder blockierten BF's die
höchste Priorität, wird ihr von der BF-Verwaltung der Prozessor zugeteilt, d. h. sie wird TÄTIG (laufend). Die BF kann
im Zuge ihrer Abwicklung mehrfach in den Zustand WARTEND (auf
MPST-Buszuteilung) oder durch Interrupt in den Zustand BLOK-
KIERT geraten. Den Zustand WARTEND ändert das Bustreiberpro-
gramm nach dem durchgeführten Bustransfer in BLOCKIERT. Der
Zustand BLOCKIERT wird von der BF-Verwaltung wie BEREIT be-
handelt, nur daß die BF an der im Empfangskontrollblock ge-
retteten Unterbrechungsstelle fortgesetzt wird.
Aus dem TÄTIG-Zustand kommt die BF durch ihr natürliches
Ende in den Zustand BEENDET oder durch einen Abbruchauftrag
in den Zustand ABGEBROCHEN. Im letzteren kann die BF durch
einen Fortsetzauftrag weiterbearbeitet werden.
Die durch die BF-Aktivierung und BF-Deaktivierung erzeugten
Übergänge werden an den externen Auftraggeber gemeldet (vgl.
Bild 5.18).

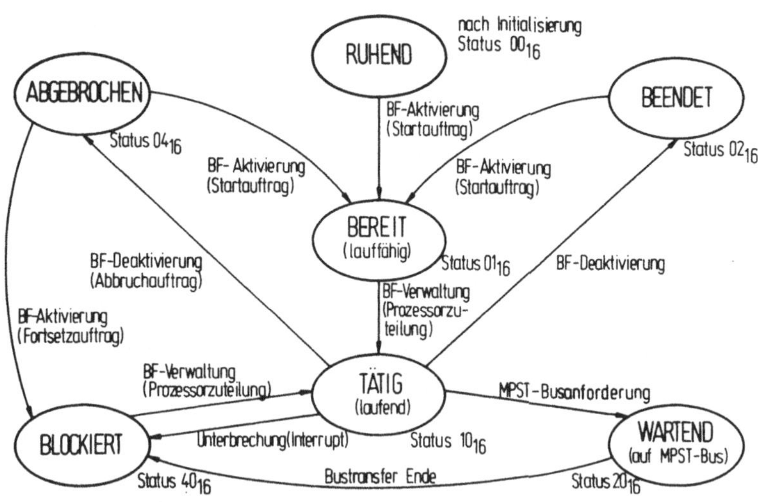

<u>Bild 5.18:</u> Zustände und Zustandsübergänge der beauftrag-
baren Funktionen (BF).

5.7 <u>Bewertung der Betriebssystemstruktur</u>

Das vorgestellte Konzept des MPST-Betriebssystems orientiert
sich an der primären Forderung nach Flexibilität in der Sy-
stemkonfigurierung, die sich in einfacher Modifizierbarkeit
und Erweiterbarkeit ausdrückt.
Dies wird erreicht durch eine Mehrebenenstruktur in bezug auf
den Programmaufbau und die Steuerung des Betriebsablaufes. Der
Programmaufbau in den Funktionsmodulen zwingt zur modularen
Strukturierung der Anwenderprogramme und unterstützt das angestrebte Bausteinkonzept für NC-Funktionen. Diese sind mit einfachen Schnittstellen zum Modulbetriebssystem implementierbar.
Das Prinzip der Betriebsorganisation erlaubt unterschiedliche
Grade der Verteilung von Funktionen der Ablaufsteuerung. Diese Anpassungsfähigkeit der Verwaltungsstruktur erhöht die
Effizienz und die Ausnutzung der Systemeigenschaften des Steuerungssystems. Das Modulbetriebssystem fördert den Aufbau au-
tarker Funktionsmodule, die sich durch Test- und Wartungs-
freundlichkeit auszeichnet.
Die Datenstrukturen der Ablaufsteuerung sind so gewählt, daß
sich Änderungen der Steuerungskonfiguration in weiten Bereichen durch Modifizierung von Verarbeitungsparametern in Kontrollblöcken und Steuertabellen vornehmen lassen. Diese Vorgehensweise erhöht die Universalität der Systemprogramme und
erleichtert die Transparenz und den Entwurf von Steuerungssystemen in Form von Datenmodellen.
Das in diesem Abschnitt behandelte Betriebssystem bestimmt zusammen mit der in Kapitel 4 festgelegten modularen Hardwarekonfiguration den inneren Aufbau des MPST-Systems und erfüllt
die in Bild 2.9 gestellten Forderungen in bezug auf eine
modulare Steuerungsstruktur. Die Vervollständigung des Steue-
rungskonzepts verlangt zusätzlich eine systemkonforme Bedie-
nungsperipherie für die Kommunikation mit der Umwelt. Im folgenden Abschnitt 6 wird hierzu ein Bedienfeldsteuerwerk entwickelt, mit dem eine systemkompatible und universell einsetzbare Bedienungseinheit aufgebaut werden soll.

6 Aufbau eines Bedienfeldsteuerwerks

6.1 Anforderungen an das Bedienfeldsteuerwerk

Die wesentlichste Forderung an eine autonome Bedienungseinheit
ist eine normgerechte Schnittstelle zum Anschluß an ein Steuerungssystem. Als Geräteschnittstelle eignet sich eine bitseri-
elle Standardschnittstelle nach DIN 66020, die mit den CCITT
Empfehlungen und der ISO-Norm für V.24 Schnittstellen kompa-
tibel ist. Der geringe Leitungsaufwand begünstigt die häufig
bei Universal-, Sonder- und Großmaschinen oder Transferstraßen
vorgenommene, räumliche Trennung des Bedienpaneels von der
Steuerung.
Für das Datenübertragungsformat bietet sich der Zeichenvorrat
nach DIN 66003 (ISO-7 Bit Code im 8 bit-Rahmen nach dem CCITT
Alphabet Nr. 5) an. Damit erhält man eine standardisierte
Bedienfeldschnittstelle, an die zu Test- und Wartungszwecken
Standardperipheriegeräte wie Teletype, Bildschirm u. ä. ange-
schlossen werden können. Über diese Geräte lassen sich Lampen,
Leuchtdioden, numerische Anzeigen u. ä. auf dem Bedienfeld
setzen oder Bedienfeldeingaben protokollieren. Andererseits
ist das Bedienfeld an jeden kommerziellen Mikrorechner über
V.24 anschließbar.
Als Eingabe- und Ausgabeelemente des Bedienfeldes müssen alle Arten von Tastern, Tastaturen, Schaltern, Anzeigenlampen,
7-Segment oder alphanumerischen Anzeigen zulässig und in
ihrer Anzahl variabel sein.
Dieser Anforderungskatalog spricht für den Einsatz eines
Mikroprozessors im Bedienfeldsteuerwerk. Er empfängt und
interpretiert Bedienfeldeingaben, führt den Dialogverkehr mit
dem Steuerungssystem durch und setzt die adressierbaren Bedienfeldanzeigen. Auf diese Weise werden umfangreiche Hardwarebaugruppen in die nur einmal zu entwickelnde Software ver-
lagert.

6.2 Der Hardwareaufbau

Die geringen zeitlichen Anforderungen der E/A-Tätigkeiten in
einem Bedienfeld erlauben den Einsatz eines 4-bit Mikroprozessors (Bild 6.1).

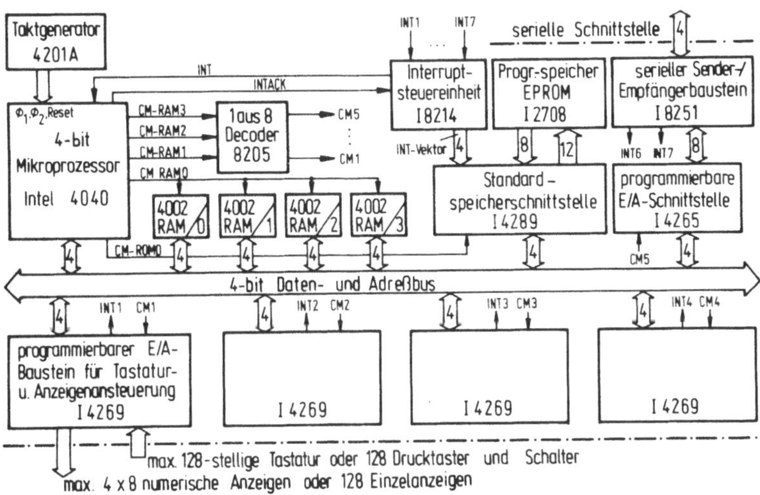

<u>Bild 6.1:</u> Hardwarekonfiguration des Bedienfeldsteuerwerkes
mit dem 4-bit Mikroprozessor Intel 4040.

Seine Kompatibilität zu 8-bit Mikroprozessorbausteinen verein-
facht

- den Aufbau des Prozessorkerns,
- den Einsatz von Standardprogrammspeichern (8-bit EPROM) und
- den Aufbau einer programmierbaren, seriellen Sender-/Empfän-
  gerschnittstelle mit umschaltbarer Übertragungsschrittge-
  schwindigkeit (Teletypebetrieb: 110 baud; CNC-Betrieb: 2400
  baud).

Sämtliche Peripheriebausteine sind interruptbildend, wodurch
eine schnelle Identifizierung der Interruptquelle in der Software ermöglicht wird.

Zur Ansteuerung der Tastenfelder und Anzeigen steht ein ange-
paßter, programmierbarer Schnittstellenbaustein zur Verfügung
/42/. Er verfügt intern über Ausgabe- und Eingabespeicher
(je 64 bit), Statusregister und eine Steuerlogik, die selbst-
tätig nach einem softwaremäßig festgelegten Modus den Datenverkehr mit den peripheren Bedientafelelementen abwickelt
(Bild 6.2).

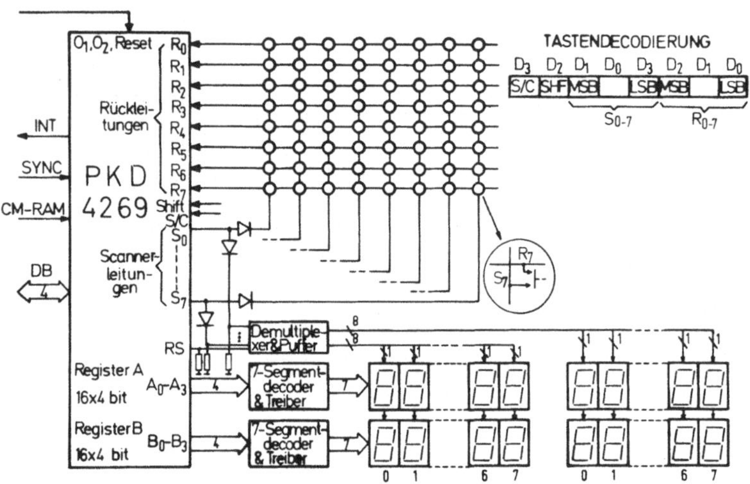

Bild 6.2:   Programmierbarer Ein-/Ausgabebaustein für
            Tastaturen und Anzeigen (INTEL 4269).

Der vom Prozessor geladene Inhalt des Ausgabespeichers (Register A und B) wird zyklisch im Zeitmultiplexverfahren an die
Anzeigen ausgegeben. Mit denselben Scannerzyklen werden parallel die logischen Zustände der Tastermatrix - offen oder ge-
schlossen - spaltenweise in den Eingabespeicher übernommen, so
daß hier ständig das Abbild des Tastenfeldes in binärer Form
vorliegt. Im Tastaturmodus dient die interne Logik gleichzeitig zur Entprellung sowie zur Überwachung und Verriege-
lung, für den Fall, daß mehrere Tasten gleichzeitig gedrückt
werden. Bild 6.3 zeigt am Beispiel einer Tastatur in Form
einer 8 x 8 Matrix den externen Verdrahtungsaufwand.

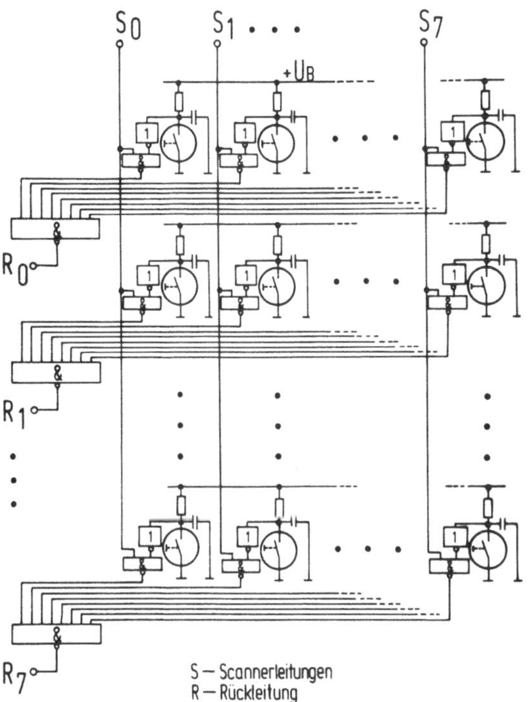

<u>Bild 6.3:</u> Verdrahtungsbeispiel einer 8 x 8 Matrix für eine Tastatur oder für Einzelsignaleingaben.

Die Tasten können sowohl mit mechanischen Kontakten als auch mit kontaktlosen Schaltelementen (z. B. Hall-Taster usw.) mit open collector-Ausgängen ausgeführt sein.

6.3 Die Informationsübergabe

Die Ein-/Ausgänge zur Bedientafel und die serielle Datenübertragungsstrecke zum Steuerungsrechner bilden die E/A-Schnittstellen des Bedienfeldsteuerwerks. Es wirkt als Schnittstellenumsetzer, komprimiert die zu übertragenden und entschlüsselt die empfangenen Bedienfeldinformationen (Bild 6.4).

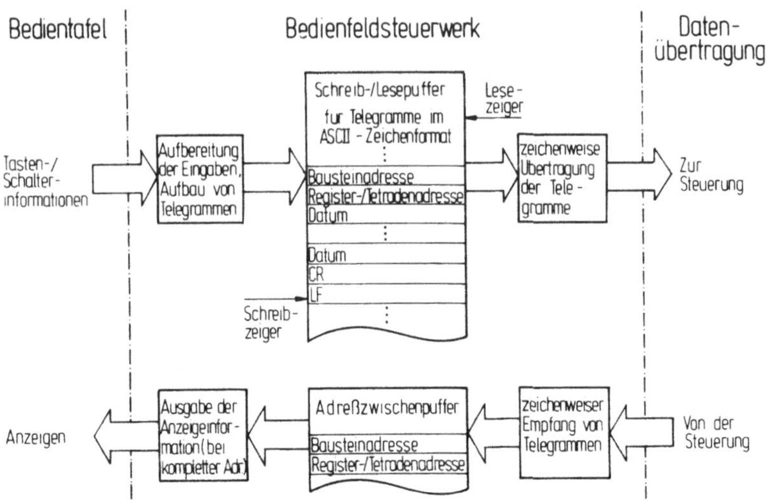

Bild 6.4: Informationsfluß im Bedienfeld.

Änderungen der Taster- bzw. Schalterstellungen werden vom
Prozessor erkannt und im Telegrammstil an die Steuerung über-
tragen. Jeder Schaltkontakt wird durch seine Matrixadresse
und seinen binären Zustand beschrieben. Die Übertragung der
Bedienfeldanzeigen erfolgt in derselben Weise in umgekehrter
Richtung. Die Festlegung des Informationsgehaltes der Bedien-
elemente ist bewußt dem Steuerungsrechner belassen.
Die zwischen Bedienfeld und Steuerungsrechner auszutauschenden
Übertragungsblöcke sind im Aufbau und den Zeichenfolgen fest-
formatig (Bild 6.5).
Die Einzelsignalein-/ausgänge werden in 4-bit Gruppen zu-
sammengefaßt und als BCD-Tetraden mit fester Adreßzuordnung
verwaltet. Das 4-bit Datenformat paßt sich gut in die ASCII-
Zeichendarstellung ein, so daß mit dieser Codierung alle auf-
tretenden Adressen, Ziffern und Zeichen darstellbar sind.
Im Fall A wird ein einzelnes Datum (z. B. Lampenanzeige), im
Fall B eine lückenlose Datenfolge (z. B. Istwertanzeige) und
im Fall C eine nicht zusammenhängende Datenfolge (gemischte
Anzeigen) übertragen.

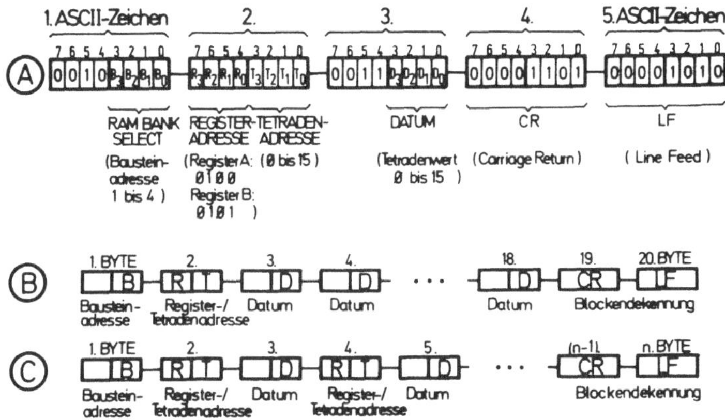

Bild 6.5: Übertragungsblockformate für den E/A-Verkehr
Bedienfeldsteuerwerk-Steuerungsrechner.

Die Sicherung der Übertragung geschieht durch zeichenweise
Paritätsprüfung und Überwachung der Übertragungsblockformate.
Bei Fehlererkennung wird ein Block über eine Fehlermeldung
neu angefordert.

6.4 Der Programmaufbau

Die Strukturierung des Programmaufbaus orientiert sich einerseits an der Architektur des 4-bit Mikroprozessorsystems und
andererseits an der zu bevorzugenden Bedienung der seriellen
Datenübertragung, um durch eine möglichst hohe Baudrate Eng-
pässe bei der Übertragung auszuschließen (Bild 6.6).
Den Kern des Programmsystems bilden das Steuerprogramm und
das Interruptauswertungsprogramm.
Das nach der Initialisierung aktive Steuerprogramm untersucht zyklisch die Auftragsliste und ruft entsprechend den
Auftragseingängen von den peripheren Baugruppen die Verarbeitungsprogramme als Unterprogrammroutinen auf (Bild 6.7).

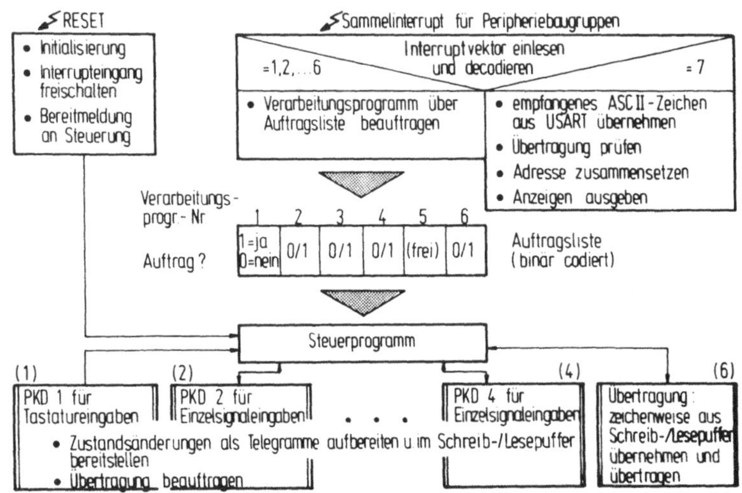

Bild 6.6: Programmstruktur des Bedienfeldsteuerwerks.

Jedem Peripheriebaustein ist ein spezielles Verarbeitungs-
programm zugeordnet. Die Verarbeitungsprogramme PKD 1 bis
PKD 4 (Programmable Keyboard Display Device) wandeln die
Bedienfeldeingaben in Telegramme um (vgl. Bild 6.5), stellen
sie im Schreib-/Lesepuffer bereit (vgl. Bild 6.4) und beauftragen die Übertragungsroutinen. Die zeichenweise Übertragung
erfolgt interruptgesteuert und wird jeweils nach dem ersten
Anstoß durch das Interruptauswertungsprogramm weiterbeauf-
tragt.
Der Prozessor besitzt nur eine Interruptebene, so daß die
Interruptquellen im Interruptauswertungsprogramm anhand des
Interruptvektors zu selektieren sind (Bild 6.8). Die Nummer
des Vektors verweist direkt auf den Platz des Verarbeitungs-
programmes in der Auftragsliste.
Eine Ausnahme bildet der höchstpriore Interrupt mit dem
Vektor 7, der nach dem Empfang eines Zeichens von der seriellen Schnittstelle erzeugt wird. Dieses Zeichen wird sofort
aus dem Empfangsregister gelesen, um ein Überschreiben durch
nachfolgende Zeichen zu verhindern. Dem Prozessor verblei-

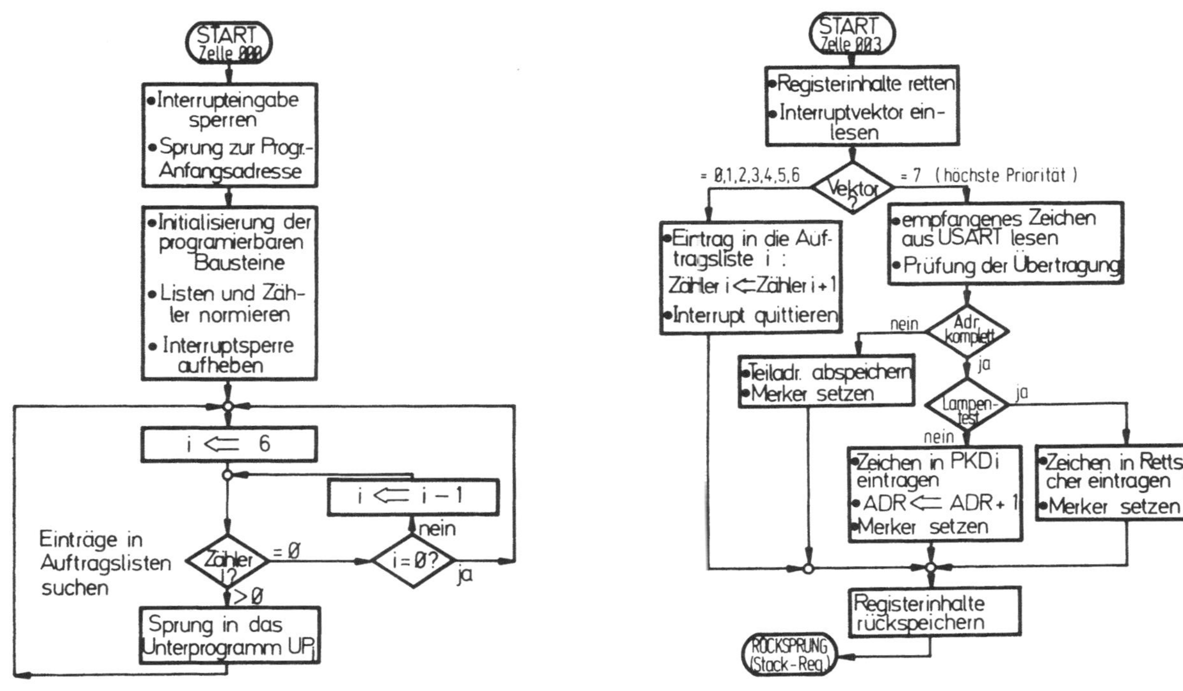

Bild 6.7:   Steuerprogramm des Bedienfeld- steuerwerks.

Eild 6.8:   Interruptauswertungsprogramm des Bedienfeldsteuerwerks.

ben bei einer Baudrate von 2400 baud (1 baud = 1 bit/s)
maximal 4,583 ms bis zum Eintreffen des nächsten Zeichens.
Diese Zeitdifferenz ist ausreichend zur direkten Zeichenver-
arbeitung, so daß der Prozessor schritthaltend mit der seriellen Datenübertragung die Anzeigen des Bedienfeldes setzt.

6.5 Bewertung an einem Anwendungsbeispiel

Bild 6.9 zeigt das mit dem entwickelten Bedienfeldsteuerwerk ausgerüstete Bedienpaneel einer Handeingabesteuerung
für eine 4-achsig simultan bahngesteuerte Universalfräs- und
Bohrmaschine (vgl. Bild 2.6).

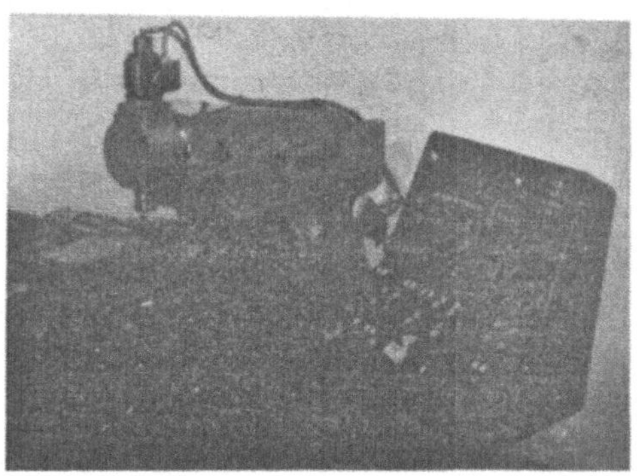

__Bild 6.9:__   CNC-Fräs- und Bohrmaschine mit Tastenprogrammierung
/16/.

Die erforderlichen Bedienelemente der Bedientafel belegen für
den Einrichtbetrieb und die NC-Betriebsarten 150 Eingänge
und 120 Ausgänge des Bedienfeldsteuerwerks.
Bisherige, vergleichbare Steuerungen realisieren den Bedien-
feldanschluß mit aufwendiger Leitungsführung über Digital-
ein-/ausgabemodule, die im Chassis des Steuerungsrechners
stecken, oder über die E/A-Module des PC. Im zweiten Fall wird
der PC zusätzlich zu den Aufgaben der Funktionssteuerung mit

Anzeige- und Meldediensten belastet. Die wachsende Bedeutung
und Erweiterung der Bedienfunktionen fällt hierbei erschwe-
rend ins Gewicht.

Die Vorteile der aufgezeigten Lösung sind die einfache Test-
möglichkeit und die leichte Modifizierbarkeit des Bedienfeldes ohne Softwareänderung im Bedienfeldsteuerwerk. Durch die
Normschnittstelle V.24 und die freie Zuordnung des Informationsgehaltes der Bedienelemente wird das Bedienfeld zu einem
anlagenunabhängigen, universell einsetzbaren Peripheriegerät.

7 Erprobung eines MPST-Prototypensystems

7.1 Der gerätemäßige Aufbau

Zur Erprobung der Systemkompatibilität der MPST-Hardwaremo-
dule (vgl. Abschnitt 4) und der Funktionstüchigkeit des MPST-
Betriebssystems (vgl. Abschnitt 5) sowie für den Nachweis der
Trennbarkeit von NC-Funktionen (vgl. Abschnitt 3) zur parallelen Verarbeitung in dedizierten Mikroprozessormodulen wurde
ein MPST-System aufgebaut, dessen Konfiguration für eine in
4 Achsen simultan bahngesteuerte Fräsmaschine ausgelegt ist
(Bild 7.1). Als Bedienperipherie dient neben einem kommerziellen Einbauleser und -stanzer das in Bild 6.9 dargestellte
Bedienpaneel (vgl. Abschnitt 6).

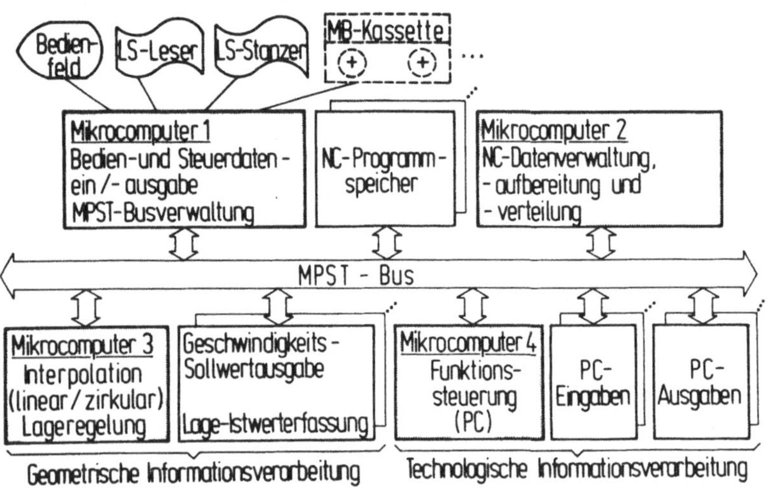

Bild 7.1: Konfiguration eines modularen Mehrprozessorsteuersystems.

Die in Abschnitt 3.3 definierten Funktionsblöcke sind auf vier
identische Mikroprozessormodule verteilt. Der Funktionsblock

Bedien- und Steuerdatenein-/ausgabe (BSEA) wird mit dem Zentralsteuerwerk (ZST) zusammengefaßt.

Die verfahrensmäßige und programmtechnische Ausführung der in den Funktionsmodulen als beauftragbare Funktionen (BF) implementierten Steuerungsfunktionen sowie die Realisierungen der zusätzlich eingesetzten, passiven Nebenmodule wie

- Schnittstellenkarte mit seriellen (V.24) und parallelen Peripheriegeräteanschlüssen für Bedienfeld, Lochstreifenleser und -stanzer,
- batteriegepufferter NC-Programmspeicher (CMOS-Technik) mit 16 k Zeichen Speicherkapazität,
- Achsenkarten (für je 2 Achsen) zur Geschwindigkeitssollwertausgabe an die Antriebsverstärker und zur Erfassung der Signale von den inkrementalen Wegmeßsystemen,
- PC-Eingabekarten mit 64 optogekoppelten, über Filter entstörten Eingängen,
- PC-Ausgabekarten mit 64 optogekoppelten, potentialfreien Ausgängen

Bild 7.2: Aufbau des MPST-Prototypensystems für eine 3-achsige Vertikalfräsmaschine.

sind nicht Gegenstand dieser Arbeit. Ihre Beschreibung ist
in /43, 45/ ausführlich dargestellt. 0

Zusammen mit den Prozessorkarten bilden diese sechs Karten-
typen als Hardwarebausteine die Grundlage zur Konfigurierung
von Steuerungsvarianten unterschiedlicher Ausbaustufen.

Als Maschinenperipherie wird ein Modell einer Vertikalfräsmaschine eingesetzt (Bild 7.2). Es besteht aus einem 3-Achsen-
Koordinatentisch mit elektrisch ansteuerbaren Hydraulikan-
trieben, inkrementalen Wegmeßsystemen (Drehgebern) und in der
Z-Achse vertikal angeordneter Arbeitsspindel.

7.2 Die funktionelle Ausstattung

Bild 7.3 gibt einen Überblick in bezug auf die Anzahl und die
Verkettung der realisierten beauftragbaren Funktionen, die über
die Kontrollblock- und Programmstruktur des Modulbetriebssy-

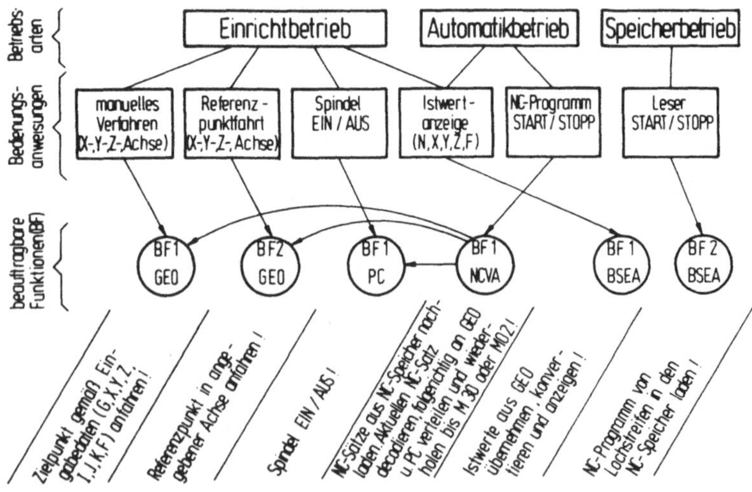

Bild 7.3: Die beauftragbaren Funktionen des MPST-
          Prototypensystems.

stems gemäß Abschnitt 5.3.4 und 5.6.2 in die Anwenderprogrammebene der jeweiligen Funktionsmodule eingebunden sind. Sie
bilden das Repertoire der internen Verarbeitungsfunktionen des
MPST-Systems.

Das Bedienfeld stellt die hierzu erforderlichen Bedienfunktionen bereit. Entsprechend Bild 7.4 wird für den Test eine
Untermenge der Schalter, Tasten und Anzeigen des Bedienfeldes
belegt für

Einrichtbetrieb: –   Manuelles Verfahren der Achsen über Jog-
                        Tasten (im Eilgang mit wirksamem Vor-
                        schuboverride)
                    –   Referenzpunktfahrt,
                    –   Spindel EIN / Spindel HALT,
                    –   Istwertanzeigen (X, Y, Z, F),
Speicherbetrieb: –   NC-Programmeingabe über Lochstreifen-
                        leser in den NC-Programmspeicher,

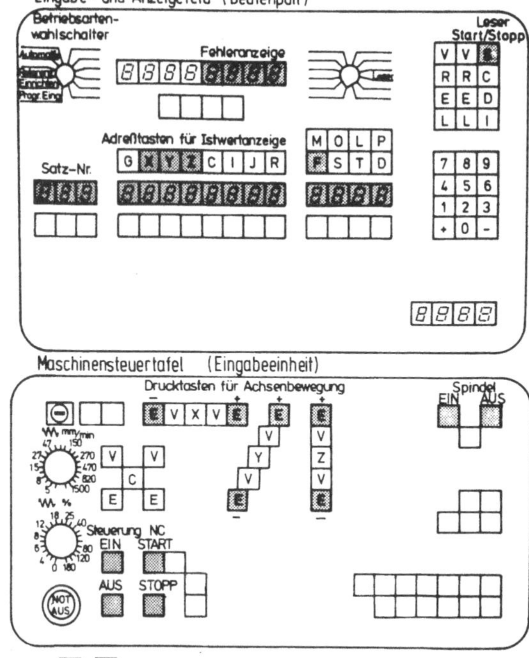

Bild 7.4: Belegung
der Tasten und An-
zeigen des Bedien-
feldes (vgl. /16/).

Automatikbetrieb: - NC-Programm START/STOPP (Abarbeitung
                    aus dem NC-Programmspeicher),
                  - Istwertanzeigen (N, X, Y, Z, F),

7.3 Bewertung des MPST-Prototypensystems

7.3.1 Reaktionszeit bei hochpriorer Busanforderung

Nach DIN 44300 ist die Reaktionszeit allgemein als Zeitspanne
definiert, die zwischen dem Ende des Eintreffens einer Aufgabenstellung und dem Beginn der Bearbeitung liegt.
Die Reaktionszeit auf die Busanforderung eines Funktionsmoduls beim Zentralsteuerwerk (ZST) umfaßt jene Zeit, die ver-
geht, wenn ein Teilnehmer erkennt, daß er einen Bustransfer

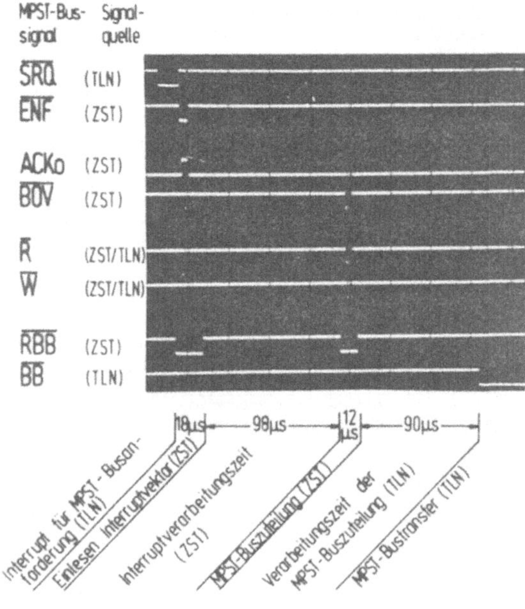

Bild 7.5: Zeit-
diagramm des MPST-
Busverkehrs bei
hochpriorer Bus-
anforderung.

durchführen muß, bis zu dem Zeitpunkt, bei dem er mit dem
Transfer beginnen kann. Die Reaktionszeit setzt sich für die
aufrufende Task im Teilnehmer zusammen aus der Interruptausgabe (Busanforderung), der Wartezeit auf Buszuteilung durch
das ZST und der Einsprungzeit in die E/A-Routine (Bild 7.5).
Sie umfaßt somit die Programmlaufzeiten für die Verwaltungsarbeiten des MPST-Betriebssystems im ZST (MPST-Busverwaltung)
und im betrachteten Funktionsmodul (Modulbetriebssystem).
Der in Bild 7.5 gemessene Busanforderungszyklus enthält im
Vektor die höchste Priorität 0 und wird vom ZST ohne Berücksichtigung der Warteschlangenverwaltung und eventueller Warteschlangeneinträge sofort nach dem FIFO-Prinzip (First In -
First Out) quittiert (vgl. Bild 5.15). Der Teilnehmer greift
in dem gezeigten Beispiel mit einem Zeitverlust von 218 µs
auf den MPST-Bus zu.
Die kritischen E/A-Zeitintervalle liegen bei der zeitdiskreten
Lageregelung im (2...8) ms-Bereich, bei der Funktionssteuerung
im 10 ms-Bereich. Während im zweiten Fall größere Wartezeiten
bis zu einigen Millisekunden zulässig sind, fordert die Lageregelung ein konstantes Zeitraster, das jedoch um einen
gleichbleibenden Zeitanteil versetzt sein kann. Durch die Möglichkeit der Blocktransferunterbrechung und der direkten Buszuteilung kann bei Busanforderungen der höchsten Priorität 0
durch die gleichbleibende Programmlaufzeit im ZST die Forderung nach Zeitkonstanz eingehalten werden. Es muß jedoch gewährleistet sein, daß sich nicht mehrere Teilnehmer gleichzeitig des höchstprioren Buszugriffs bedienen. In diesem Fall
müßte das Lageregelungsverfahren, das in dieser MPST-Konfiguration die Lageregelkreise der Maschinenachsen über den MPST-
Bus schließt, geändert werden.
Bei den Prioritätsstufen 1 bis 3 liegt die Wartezeit auf Buszuteilung in Abhängigkeit von dem Füllstand der Warteschlangen
bei $\geq$ 320 µs. Die dadurch entstehenden Verzögerungen berühren
jedoch nur die zeitunkritischen Funktionen, für die Wartezeiten im ms-Bereich zulässig sind.
Die Zeitbedingungen der Buszuteilung können somit über die
softwaremäßige Verwaltung des MPST-Busses im MPST-Betriebs-

system erfüllt werden. Darüber hinaus bietet die Busverwaltung noch umfangreiche Leistungsreserven zur Erhöhung der Anzahl der Busteilnehmer.

7.3.2 Auslastung der Funktionsmodule

Die Einflußgrößen bezüglich der Auslastung der Prozessoren ergeben sich aus den Programmlaufzeiten zur Erfüllung einer gestellten Aufgabe, der Dringlichkeit und der Häufigkeitsverteilung der Bearbeitungsaufrufe. Die Leistungsmerkmale der Funktionsmodule und deren Auslastungsgrad stehen somit in bezug auf die erreichbaren NC-Satzabarbeitungszeiten in direktem Zusammenhang mit der Zeit- und Taskverwaltung des Modulbetriebssystems.
Die folgenden Aussagen beziehen sich auf die Funktionsmodule GEO und NCVA, die im MPST-Prototypensystem funktionell in einer praxisgerechten Form realisiert sind.
Einerseits läßt sich als Bewertungskriterium die maximale Verarbeitungsgeschwindigkeit der Funktionsmodule zu Grunde legen. Hieraus können Rückschlüsse auf die kürzesten, praktisch erreichbaren Aufrufintervalle für NC-Sätze gezogen werden. Zum andern kann man von fertigungstechnisch sinnvollen Grenzwerten ausgehen, wie sie bei schnellen Zustellbewegungen, Hilfsfunktionen oder Multiplikatorumschaltungen (z. B. Änderung des Vorschuboverride) auftreten. Einen repräsentativen Grenzwert (worst case) stellt hierbei eine kleinste NC-Satzabarbeitungsdauer von T_{min} = 100 ms dar. Für beide Fälle führt die Aufsummierung der Programmlaufzeiten in Abhängigkeit von der NC-Satzdauer für die im MPST-Prototypensystem implementierten, zeitbehafteten Funktionen von GEO (Bild 7.6) und NCVA (Bild 7.7) zu aufschlußreichen Aussagen. Die Programmlaufzeiten wurden entsprechend den Befehlsausführungszeiten für den Mikroprozessor TMS 9900 (Texas Instruments) aus den Übersetzungsprotokollen ermittelt.

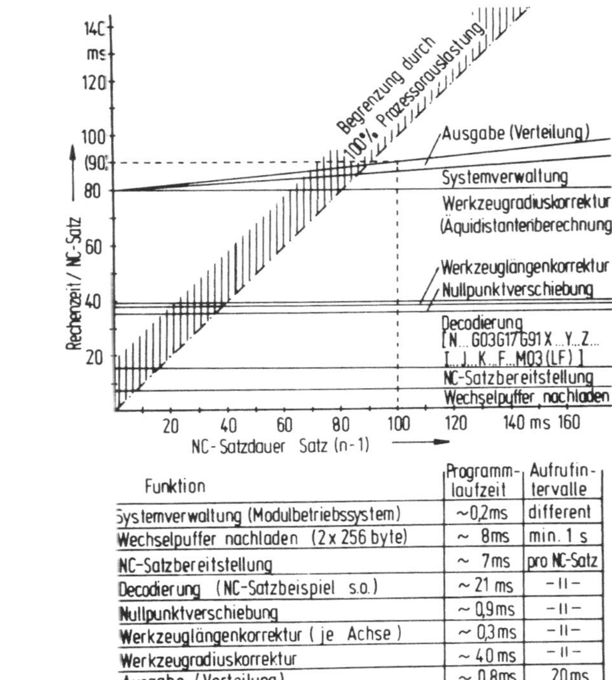

Funktion	Programm- laufzeit	Aufrufin- tervalle
Systemverwaltung (Modulbetriebssystem)	~0,2ms	5 ms
Interpolationsvorlauf	~12ms	pro NC-Satz
Grobinterpolation —— linear	~1,5ms	20ms
(Rekursion) — zirkular	~ 7ms	20ms
lineare Feininterpolation	~0,5ms	20ms
geführtes Anfahren und Bremsen (Slope)	~ 1ms	5ms
Lageregelung (mit Schleppabstandsüberwachung)	~1,5ms	5ms

Bild 7.6: Programmlaufzeiten und Auslastung des GEO-Prozessors in bezug auf die NC-Satzdauer.

Funktion	Programm- laufzeit	Aufrufin- tervalle
Systemverwaltung (Modulbetriebssystem)	~0,2ms	different
Wechselpuffer nachladen (2 x 256 byte)	~ 8ms	min. 1 s
NC-Satzbereitstellung	~ 7ms	pro NC-Satz
Decodierung (NC-Satzbeispiel s.o.)	~ 21 ms	– II –
Nullpunktverschiebung	~ 0,9ms	– II –
Werkzeuglängenkorrektur (je Achse)	~ 0,3ms	– II –
Werkzeugradiuskorrektur	~ 40ms	– II –
Ausgabe (Verteilung)	~ 0,8ms	20ms

Bild 7.7: Programmlaufzeiten und Auslastung des NCVA-Prozessors in bezug auf die NC-Satzdauer des vorausgegangenen NC-Satzes.

Funktionsmodul GEO

Die erforderliche Rechenzeit pro NC-Satz setzt sich für GEO
entsprechend Bild 7.6 zusammen. Während der Interpolations-
vorlauf einmal pro NC-Satz auszuführen ist, summieren sich
die Programmlaufzeiten der restlichen, zyklisch ablaufenden
Funktionen entsprechend ihren Aufrufintervallen proportional
zur NC-Satzdauer auf. Für eine minimale NC-Satzabarbeitungsdauer von T_{min} = 100 ms ergibt sich eine Prozessorauslastung
von 90 % bei erforderlicher Zirkularinterpolation bzw. 70 %
bei reiner Linearinterpolation. Diese Werte treten z. B. bei
Vorgabe dichter Folgen von Bahnstützpunkten in Verbindung
mit einer hohen Bahngeschwindigkeit v_B auf.
Beispiel: Für v_B = 1 m/min ergibt sich ein minimaler Stütz-
punktabstand von

$$s_{min} = v_B \cdot T_{min}$$

$$s_{min} = 1{,}667 \text{ mm}$$

Bei dichteren Punktfolgen wäre eine Vorschubreduzierung erforderlich, da die Lageregelung schneller Sollwerte benötigt,
als sie der Interpolator errechnet. Für bestehende NC-Systeme
wird in diesem Fall eine automatische Vorschubanpassung im
Postprozessor des NC-Programmiersystems durchgeführt.

Funktionsmodul NCVA

Außer der Datenverteilung werden im Funktionsmodul NCVA die
übrigen Funktionen einmal pro NC-Satz durchlaufen. Im Vergleich
zu GEO hängen die anteilmäßigen Programmlaufzeiten in NCVA
nicht von der NC-Satzdauer, sondern von dem zu verarbeitenden,
variablen NC-Satzinhalt ab. Der Darstellung in Bild 7.7 ist
ein komplexer NC-Satz zu Grunde gelegt, wie er beispielsweise
bei der Schraubenlinieninterpolation (Zirkularinterpolation in
einer Hauptebene und Linearinterpolation in einer zusätzlichen,
senkrechten Achse) auftritt.
Ausgehend von einer maximalen NC-Satzlänge von 75 Zeichen
fassen die Wechselpuffer des NCVA sieben vollständige NC-

Sätze. Das Nachladen der Wechselpuffer wäre im Extremfall
bei einer permanenten NC-Satzabarbeitungsdauer T_{min} = 100 ms
innerhalb 700 ms einmal erforderlich. In dem Beispiel nach
Bild 7.7 ergibt sich für die NC-Satzbereitstellung, -decodie-
rung, Werkzeuglängen- und -radiuskorrektur und NC-Datenvertei-
lung bei einer minimalen NC-Satzanforderungszeit von 100 ms
eine Prozessorauslastung von 90 %. Die Versorgung der Geometriedatenverarbeitung mit neuen, decodierten NC-Daten im
100 ms-Bereich ist hiermit gewährleistet.
Bei den aufgezeigten Beispielen wurde nicht berücksichtigt,
daß durch gepufferte Datenübergaben die Programme in den Funktionsmodulen vorausarbeiten. Man kann davon ausgehen, daß
die angegebenen Werte der Prozessorauslastung für GEO und
NCVA im praktischen Einsatz günstiger ausfallen.

Aus den Bildern 7.6 und 7.7 ist erkennbar, daß die Verwaltungs-
programme des Modulbetriebssystems nur (6...8) % der Gesamt-
rechenzeit benötigen. Dieses günstige Verhältnis zeigt, daß
der Betriebssystemanteil für ein modulares MPST-System die
Funktionsmodule nicht wesentlich belastet.
Die Leistungsfähigkeit von 16-bit Minirechnern, die für reine
Einprozessorlösungen in der CNC eingesetzt werden, liegt um
den Faktor 8...10 höher als die des eingesetzten 16-bit Mikroprozessors TMS 9900. Durch die Parallelverarbeitung im MPST-
System erreicht man aber für die Bearbeitungsschritte (NC-
Sätze) des Werkstückprogramms Ausführungszeiten, deren Werte
mit leistungsfähigen CNC-Systemen vergleichbar sind. Dieses
Verhältnis verbessert sich bei steigender Komplexität nume-
rischer Steuerungen zugunsten von MPST-Systemen.

7.4 <u>Ausblick</u>

Der wachsende Bedarf an numerischen Steuerungen entsteht in
zunehmendem Maße auch für die Werkzeugmaschinen, die durch
besondere Anforderungen des technologischen Verfahrensab-
laufs bisher noch mit konventionellen, meist mechanischen

und hydraulischen Hilfsmitteln gesteuert werden. Beispielhaft
hierfür sind über Nocken geschaltete oder mit Nachformsystemen
(Kopiereinrichtungen) ausgerüstete Werkzeugmaschinen. Grund-
sätzlich läßt sich bei der Übertragung des numerischen Steue-
rungsprinzips auf diesen Anwendungsbereich die funktionelle
Struktur nach Bild 3.2 zu Grunde legen. Die Eigenschaften des
MPST-Konzepts erweisen sich für die Lösung solcher Steuerungs-
probleme mit ähnlichem, strukturellem Charakter als besonders
geeignet.

Der modulare Aufbau des MPST-Systems ermöglicht die Aufteilung von Entwicklungsaufgaben und die getrennte Bearbeitung
spezieller Hardware- und Softwaremodule. Zur Vereinfachung der
Systemhandhabung und -pflege sind jedoch weiterführende und
unterstützende Maßnahmen erforderlich. Hierzu gehören

- die Vorgabe einheitlicher Erstellungs- und Dokumentations-
  vorschriften für Funktionsmodule,
- Testhilfen für den Hardware- und Softwaresystemtest,
- Bibliothekssysteme zur Archivierung und Verwaltung der
  Softwarefunktionsbausteine,
- die Einführung höherer, prozessorunabhängiger Programmiersprachen, zumindest für zeitunkritische Funktionen der Bedienung und Informationsverarbeitung und
- die Entwicklung eines Generiersystems zur automatischen,
  d. h. rechnerunterstützten Softwaregenerierung sowohl für
  die Funktionssoftware als auch für die Betriebssoftware.

Die ständige Weiterentwicklung und Erweiterung der Hardwarebausteine birgt, solange auf der Assemblersprachebene programmiert wird, die Gefahr des Veraltens der Software. Dadurch reduziert sich der Nutzungsgrad eines Softwarebausteinsystems, der nur langfristig über ein relativ großes, funktio-
nelles Repertoire erreicht wird. Aus Kostengründen muß sich
deshalb das Interesse bereits in einem frühen Stadium auf die
Verwendung standardisierter, höherer Programmiersprachen wie
FORTRAN, PEARL, PASCAL usw. konzentrieren. Sie erlauben die
Reproduzierbarkeit von Funktionen auf unterschiedlichen Mikro-
prozessortypen und gewährleisten so die Übertragbarkeit (Porta-
bilität) des Softwarebausteinsystems.

Durch die modulare Struktur der MPST-Software gelingt es, für
die unterschiedlichen Steuerungsvarianten gleichartige Lösungs-
gerüste vorzufertigen. Als Programmiertechnik zur Erstellung
ähnlicher Problemlösungen bietet sich die Generatortechnik an.
Ihre Bedeutung besteht darin, ein Lösungsgerüst mit bereitgestellten Softwarebausteinen zu verbinden. Der Einsatz eines
Generators zur Erstellung der MPST-Steuerungssoftware kann in
einem ersten Schritt die Festlegung des Aufgabeninhaltes von
Funktionsmodulen und die modulspezifische Verknüpfung von Funktionsbausteinen zu BF's beinhalten. Hierbei handelt es sich
sowohl um die Verknüpfung über die Daten durch Datenpuffer
zwischen den Funktionsbausteinen als auch um die Verknüpfung
durch den Steuerfluß. Der zweite Generierschritt wäre die Erstellung der Ablaufsteuerung des Zentralsteuerwerks zur folgerichtigen Verkettung der BF's in den Funktionsmodulen. Die
Unterstützung des Anwenders kann hierbei in einem benutzerfreundlichen Dialog

- zur Auswahl vorgefertigter Funktionsbausteine aus der
  MPST-Programmbibliothek,
- zur Zuweisung von Parametern,
- zur Anpassung und Implementierung der MPST-Systemsoftware
  an unterschiedliche Hardwarekonfigurationen und
- zur Erweiterung der MPST-Programmbibliothek

erfolgen. Diese Hilfsmittel erleichtern vor allem die Einführung und den breiten Einsatz der numerischen Steuerung in
den Sondermaschinenbereichen, wo nahezu ausschließlich zu-
geschnittene Lösungen erforderlich sind.

8 Zusammenfassung

Das Konzept des modularen Mehrprozessorsteuersystems wird in
seiner Richtigkeit bestätigt, wenn im Hinblick auf die Ein-
satzmöglichkeiten der modernen Mikroprozessortechnik festge-
stellt werden kann, daß sich ein günstiges Preis-Leistungs-
verhältnis, eine höhere Verfügbarkeit, die einfache Integration neuer Technologien und letztendlich eine verbesserte
Flexibilität und längere Lebensdauer erzielen läßt.
Aus diesem Grund schien es zunächst angebracht, die Merkmale
und Entwicklungstendenzen numerischer Steuerungen unter dem
speziellen Aspekt der Modularität zu untersuchen und daraus
die Anforderungen an ein MPST-Bausteinsystem abzuleiten.
Durch Mikroprozessorbauelemente, die neue, preisgünstige Rech-
nerstrukturen, Rechnerkopplungen, Schnittstellenanpassungen
und Geräteanschlüsse erlauben, ergeben sich neue Gesichts-
punkte in bezug auf die Modularität. Sie sind mit den Zielvor-
stellungen einer kostengünstigen Anwendung der Bausteintech-
nik und der Standardisierung von Schnittstellen verbunden.
Ein standardisiertes Bausteinsystem für numerische Steuerungen
führt bereits dadurch zu wirtschaftlichen Lösungen, daß sich
die Entwurfskosten durch Verwendung vorgefertigter Komponenten drastisch reduzieren lassen.

Die Voraussetzung für ein MPST-System ist die Separierbarkeit
der NC-Funktionen zur Verteilung auf parallele Prozessoren. In
einer grundlegenden Untersuchung wurden Kriterien zur Bildung
von implementierbaren Funktionsblöcken und zur Festlegung von
Datenschnittstellen aufgezeigt und eine Zerlegung der numerischen Steuerung in praxisgerechte Funktionsblöcke vorgenommen. Durch die Einführung beauftragbarer Funktionen erhält man
eine blockinterne Struktur, die günstige Eigenschaften für
eine flexible Handhabung und Steuerung der NC-Funktionen aufweist.
Der erfolgreiche Betrieb eines MPST-Systems wird maßgebend
durch den konstruktiven Aufbau des Hardwaresystems und das Zu-
sammenspiel mit einem zugeschnittenen Betriebssystem bestimmt.

Der Vergleich alternativer Hardwarelösungen zeigt die Ein-
flüsse der Speicherverteilung im MPST-System und des Schnitt-
stellenkonzepts zum MPST-Bus auf die Effizienz der Kommunika- 0
tion zwischen Prozessoren. Die Ergebnisse flossen in den Entwurf und den Aufbau eines 16-bit Mikroprozessormoduls ein, der
als universeller MPST-Prozessorbaustein für die Projektierung
von Mehrprozessorsteuersystemen eingesetzt werden kann.

Eine Mehrebenenstruktur bildet den Ansatz für ein adäquates
MPST-Betriebssystem zur Verwaltung der Betriebsmittel und zur
Steuerung des funktionellen Ablaufs. Ein lokales Betriebssystem in den Mikroprozessormodulen verwaltet die modulinternen
Aktivitäten und steuert die Kommunikation mit dem Gesamtsystem. Die Aktivitäten laufen als Tasks in der Anwenderprogrammebene der Mikroprozessormodule ab. Bei einer Gegenüber-
stellung unterschiedlicher Organisationsformen erweist sich
eine zentrale Ablaufsteuerung mit der Möglichkeit der partiel-
len Dezentralisierung als vorteilhaft. Durch die Aufgabentren-
nung des Zentralsteuerwerks und der Funktionsmodule ergeben
sich hiermit Entscheidungsebenen zur Festlegung und Beeinflussung der Ablaufsteuerung des MPST-Systems.

Im Rahmen der Geräteperipherie einer numerischen Steuerung
nimmt der Bedienteil eine Sonderstellung ein. Entsprechend
der Forderung nach Systematisierung des gerätemäßigen Aufbaus
wurde ein Bedienfeld vorgestellt, das sich durch eine serielle
Standardschnittstelle als anlagenunabhängige Bedienungseinheit auszeichnet. Es stellt durch seine vielseitige Einsatzmöglichkeit eine Ergänzung des MPST-Bausteinsystems dar.

Die im Rahmen dieser Arbeit durchgeführten Hardware- und Soft-
warerealisierungen bildeten die Grundlage für den Aufbau einer
als Prototyp konzipierten MPST-Fräsmaschinensteuerung. Die
ersten Ergebnisse der Erprobung wurden vorgestellt und be-
wertet.

Berichte aus dem Institut für Steuerungstechnik der Werkzeugmaschinen und Fertigungseinrichtungen der Universität Stuttgart

Herausgegeben von Prof. Dr.-Ing. G. Stute

Erschienen:

ISW 1: D. Schmid, Numerische Bahnsteuerung, 89 S., 1972

ISW 2: H. Schwegler, Fräsbearbeitung gekrümmter Flächen, 111 S., 1972

ISW 3: J. Eisinger, Numerisch gesteuerte Mehrachsenfräsmaschinen, 90 S., 1972

ISW 4: R. Nann, Rechnersteuerung von Fertigungseinrichtungen, 125 S., 1972

ISW 5: G. Augsten, Zweiachsige Nachformeinrichtungen, 140 S., 1972

ISW 6: B. Karl, Die Automatisierung der Fertigungsvorbereitung durch NC-Programmierung, 121 S., 1972

ISW 7: H. Eitel, NC-Programmiersystem, 117 S., 1973

ISW 8: E. Knorr, Numerische Bahnsteuerung zur Erzeugung von Raumkurven auf rotationssymmetrischen Körpern, 131 S., 1973

ISW 9: S. Bumiller, Viskohydraulischer Vorschubantrieb, 123 S., 1974

ISW 10: K. Maier, Grenzregelung an Werkzeugmaschinen, 139 S., 1974

ISW 11: J. Waelkens, NC-Programmierung, 159 S., 1974

ISW 12: E. Bauer, Rechnerdirektsteuerung von Fertigungseinrichtungen, 138 S., 1975

IWS 13: H. König, Entwurf und Strukturtheorie von Steuerungen für Fertigungseinrichtungen, 206 S., 1976

ISW 14: H. Damson, Fünfachsiges NC-Fräsen, 143 S., 1976

ISW 15: H. Jetter, Programmierbare Steuerungen, 141 S., 1976

ISW 16: H. Henning, Fünfachsiges NC-Fräsen gekrümmter Flächen, 179 S., 1976

ISW 17: K. Boelke, Analyse und Beurteilung von Lagesteuerungen für numerisch gesteuerte Werkzeugmaschinen, 106 S., 1977

ISW 18: F.-R. Götz, Regelsystem mit Modellrückkopplung für variable Streckenverstärkung, 116 S., 1977

ISW 19: H. Tränkle, Auswirkungen der Fehler in den Positionen der Maschinenachsen beim fünfachsigen Fräsen, 103 S., 1977

ISW 20: P. Stof, Untersuchungen über die Reduzierung dynamischer Bahnabweichungen bei numerisch gesteuerten Werkzeugmaschinen, 118 S., 1978

ISW 21: R. Wilhelm, Planung und Auslegung des Materialflusses flexibler Fertigungssysteme, 158 S., 1978

ISW 22: N. Kappen, Entwicklung und Einsatz einer direkten digitalen Grenzregelung für eine Fräsmaschine mit CNC, 123 S., 1979

ISW 23: H. G. Klug, Integration automatisierter technischer Betriebsbereiche, 124 S., 1978

ISW 24: D. Binder, Interpolation in numerischen Bahnsteuerungen, 132 S., 1979

ISW 25: O. Klingler, Steuerung spanender Werkzeugmaschinen mit Hilfe von Grenzregeleinrichtungen (ACC), 124 S., 1979

ISW 26: L. Schenke, Auslegung einer technologisch-geometrischen Grenzregelung für die Fräsbearbeitung, 113 S., 1979

ISW 27: H. Wörn, Numerische Steuersysteme. Aufbau und Schnittstellen eines Mehr-prozessorsteuersystems, 141 S., 1979

ISW 28: P. B. Osofisan, Verbesserung des Datenflusses beim fünfachsigen NC-Fräsen, 104 S., 1979

ISW 29: J. Berner, Verknüpfung fertigungstechnischer NC-Programmiersysteme, 101 S., 1979

ISW 30: K.-H. Böbel, Rechnerunterstütze Auslegung von Vorschubantrieben, 113 S., 1979

ISW 31: W. Dreher, NC-gerechte Beschreibung von Werkstücken in fertigungstechnisch orientierten Programmsystemen, 105 S., 1980

ISW 32: R. Schurr, Rechnerunterstützte Projektierung hydrostatischer Anlagen, 115 S., 1981

ISW 33: W. Sielaff, Fünfachsiges NC-Umfangsfräsen verwundener Regelflächen. Beitrag zur Technologie und Teileprogrammierung, 97 S., 1981

ISW 34: J. Hesselbach, Digitale Lageregelung an numerisch gesteuerten Fertigungs-einrichtungen, 111 S., 1981

ISW 35: P. Fischer, Rechnerunterstützte Erstellung von Schaltplänen am Beispiel der automatischen Hydraulikplanzeichnung, 111 S., 1981

ISW 36: U. Ackermann, Rechnerunterstützte Auswahl elektrischer Antriebe für spanende Werkzeugmaschinen, 118 S., 1981

ISW 37: W. Döttling, Flexible Fertigungssysteme – Steuerung und Überwachung des Fertigungsablaufs, 105 S., 1981

ISW 38: J. Firnau, Flexible Fertigungssysteme – Entwicklung und Erprobung eines zentralen Steuersystems, 112 S., 1981

ISW 39: A. Herrscher, Flexible Fertigungssysteme – Entwurf und Realisierung prozeßnaher Steuerungsfunktionen, 103 S., 1981

ISW 40: U. Spieth, Numerische Steuersysteme – Hardwareaufbau und Ablaufsteuerung eines Mehrprozessorsteuersystems, 115 S., 1982.

ISW 41: A. Schimmele, Rechnerunterstützter Entwurf von Funktionssteuerungen für Fertigungseinrichtungen, 106 S., 1982

ISW 43: W. Walter, Interaktive NC-Programmierung von Werkstücken mit gekrümmten Flächen, 112 S., 1982.

In Vorbereitung

ISW 42: M. Sanzenbacher, NC-gerechte Beschreibung von Werkstücken mit gekrümmten Flächen, 105 S., 1982.

Springer-Verlag
Berlin · Heidelberg · New York